確率モデルを用いた
統計的信号処理

博士（情報科学）　片岡　駿 著

コロナ社

ま え が き

本書は確率モデルを用いた信号処理手法に関する入門書であり，大学の教養課程や専門課程において基本的な微積分学や信号処理を学んだ学生を対象に確率モデルを用いた信号処理の基礎的な内容を解説したものである．確率モデルを用いた信号処理の方法は従来の信号処理教育とは別の形で扱われることが多く，学部の専門教育で学んだ基本的な信号処理の方法との関係性が曖昧なままになってしまうことが多い．本書は，確率モデルを用いた統計的な信号処理の方法をこれから学ぼうとする学生を対象として，従来の信号処理教育で学んだ内容から確率モデルを用いた統計的信号処理への橋渡しとなることを目指して執筆したものである．

本書は，10 章で構成している．

最初に，1 章で信号処理についてごく簡単に説明した後，2 章で離散時間信号を対象とした信号処理システムについて述べる．2 章の内容は通常の信号処理教育で扱われる内容である．3 章と 4 章では，統計的信号処理の基礎となる不規則信号の調査方法について扱う．標本平均や標本分散といったよく使用される基本的な調査手法について扱うとともに，可視化による調査の重要性を強調している．5 章と 6 章では，確率モデルの基本的な扱い方について解説する．まず，5 章では，確率分布の扱い方を述べるとともに，ガウス分布などの統計的信号処理の基礎となる重要な確率分布を紹介し，続く 6 章では，観測データを用いた確率モデルの調整方法である最尤推定の方法について解説する．2 章から 6 章までが信号処理で重要となる統計的方法の基礎である．

後半の 7 章以降は，これまでの内容をより応用的な内容に発展させていく．まず，7 章では，信号などの系列データの扱いの基礎となる自己回帰モデルについて解説する．自己回帰モデルは系列データを扱うための基本的な確率モデルであるだけでなく，信号処理システムとも関係がある重要な確率モデルである．8 章では，これまでの内容を用いて，確率モデルの方法がどのように信号処理への応用方法について概説する．9 章と 10 章では，確率モデルを用いた統計的信号処理のやや発展的な内容について扱う．まず，9 章では，グラフィカルモデルという確率モデルの可視化方法と確率伝搬法というグラフ構造を利用した周辺分布の計算方法について解説する．そして，最後の 10 章では，線形動的システムという重要な状態空間モデルについて扱い，カルマンフィルタやカルマン平滑化といった統計的信号処理の重要な手法について解説する．

本書の執筆にあたって，多くの文献を参考にさせていただいた．巻末に関連図書としてその一部を挙げている．最後に，本書の執筆にあたってお世話になった関係者各位に心からの感謝を申し上げたい．また，本書を執筆する機会をくださったコロナ社に御礼を申し上げる．

2023 年 7 月

片岡　駿

目　　　次

1.　信　号　処　理

2.　信号とシステム

3.　不規則信号の調査 1

4.　不規則信号の調査 2

5.　確　率　分　布

6.　最　尤　推　定

10.　線形動的システム

1 信　号　処　理

1.1　信号と信号処理

われわれは日常生活において，多種多様な情報を意識的または無意識的に扱っている．例えば，自転車で移動しているときには意識的または無意識的に現在の速度を感じ取り，つぎの道を曲がるために速度の調整を行う．多くの人々が会話している騒がしい場所であっても，隣の会話相手の発言を正確に聞き取ることができる．では，われわれが日常的に行っているこのような行為をコンピュータ（計算機）に行わせるにはどのようにすればよいであろうか？ コンピュータが扱うことができるのは離散的な数値のみである．コンピュータがわれわれと同じように情報を扱うためには，われわれが意識的または無意識的に扱っている情報を数値として変換する必要がある．このような情報の変換はさまざまな計測センサを使うことで行うことができる．われわれは速度センサを使うことで自転車の速度を数値として表すことができ，マイクロフォンを使うことで周囲の音声を数値によって表すことができる．このような計測センサによる測定を繰り返すことで，われわれは特定の情報を変換した連続的または離散的な数値の系列を得ることができる．**信号** (signal) とは計測センサによって収集された数値の系列のことであり，連続的に変化する数値の系列のことを**連続時間信号** (continuous-time signal) といい，離散的に変化する数値の系列は**離散時間信号** (discrete-time signal) と呼ばれる．

しかしながら，単に計測センサで信号を収集するだけでは，われわれが日常的に行っているこのような行為をコンピュータに行わせることはできない．計測センサで収集された信号にはノイズなどの本来の目的には不要な情報がたくさん含まれており，コンピュータにわれわれと同じような動作を行わせるためにはこれらの情報が邪魔になってしまうからである．この問題を解決する一つの方法は，収集した信号から不要な情報を取り除きコンピュータが正常に動作しやすい信号を作り出すことである．このように，与えられた信号を加工してわれわれの望む信号を作り出す操作は**信号処理** (signal processing) と呼ばれ，計測センサで収集された信号に適切な信号処理を施すことでコンピュータにさまざまな動作を行わせることが可能になる．

1.2　本書での表記について

本書では，確率モデルを用いた離散時間信号の扱い方について解説していく．離散時間信号とは

$$[\ 1.6,\ 2.6,\ 0.4,\ 1.4,\ 0.6,\ 2,\ 1.4,\ -0.2,\ 0.3,\ 0.7,\ 1.4\ ] \tag{1.1}$$

のような離散的な実数値の系列のことである．通常，離散時間信号という言葉は

$$[\ \ldots,\ 2.1,\ 2.7,\ 4.3,\ 6.9,\ 7.9,\ 7.3,\ 5.1,\ 6.2,\ 3,\ 3.9,\ \ldots] \tag{1.2}$$

のような無限長の離散時間信号を指す場合が多い．有限長の離散時間信号は無限長の信号の一部を切り抜いたものである．本書では，有限長の離散時間信号と無限長の離散時間信号を区別して，式 (1.1) のような有限長の信号を

$$\mathbf{x} = [\ 2.1,\ 1.1,\ -0.7,\ 1.5,\ 1.6\ ] \tag{1.3}$$

のように太字の立体で表記し，式 (1.2) のような無限長の信号を

$$\overline{\mathbf{x}} = [\ \ldots,\ 0.3,\ -1.7,\ -0.2,\ 1.1,\ 2.4,\ \ldots\ ] \tag{1.4}$$

のように上線付きの太字の立体で表記する．離散時間信号に含まれるそれぞれ

の数値のことを**信号値** (signal value) といい，各信号値の位置（計測時刻）のことを**時点**という．本書では，時点 n の信号値を x_n とする長さ N の有限長離散時間信号を $\mathbf{x} = [\mathrm{x}_0, \ldots, \mathrm{x}_{N-1}]$ で表記し，時点 n の信号値を $\overline{\mathrm{x}}_n$ とする無限長離散時間信号を $\overline{\mathbf{x}} = [\ldots, \overline{\mathrm{x}}_n, \ldots]$ で表記する．通常は，信号の計測開始時刻を時点 $n = 0$ に設定する．

本書では，離散時間信号をベクトルのように扱い，離散時間信号 $\mathbf{x} = [\mathrm{x}_0, \ldots, \mathrm{x}_{N-1}], \mathbf{y} = [\mathrm{y}_0, \ldots, \mathrm{y}_{N-1}]$ と実数値 α に対して

$$\mathbf{x} + \mathbf{y} = [\mathrm{x}_0 + \mathrm{y}_0, \ldots, \mathrm{x}_{N-1} + \mathrm{y}_{N-1}] \tag{1.5}$$

および

$$\alpha\mathbf{x} = [\alpha\mathrm{x}_0, \ldots, \alpha\mathrm{x}_{N-1}] \tag{1.6}$$

の計算が行えるものとする．無限長の離散時間信号に対してもこの操作は同様であり，離散時間信号 $\overline{\mathbf{x}} = [\ldots, \overline{\mathrm{x}}_n, \ldots], \overline{\mathbf{y}} = [\ldots, \overline{\mathrm{y}}_n, \ldots]$ と実数値 α に対して

$$\overline{\mathbf{x}} + \overline{\mathbf{y}} = [\ldots, \overline{\mathrm{x}}_n + \overline{\mathrm{y}}_n, \ldots] \tag{1.7}$$

$$\alpha\overline{\mathbf{x}} = [\ldots, \alpha\overline{\mathrm{x}}_n, \ldots] \tag{1.8}$$

である．

確率モデルを用いた信号処理では，確率分布の変数（確率変数）とその変数がとりうる値（実現値）で変数を区別する場合が多い．本書では，信号の確率変数を $\boldsymbol{x}$ や x_n のような斜体で表記し，確率変数がとりうる具体的な信号を $\mathbf{x}$ や x_n のような立体とすることでこの二つの変数を区別している．その他，多少の例外はあるが，標本平均などの具体的な信号から計算される量には立体を使用し，確率モデルのパラメータなどには斜体を使用している．本書で用いるおもな記号を**表 1.1** にまとめる．

表 1.1　本書で用いるおもな記号

記号	使用対象
$\overline{\mathbf{x}}$	無限長の離散時間信号（$\overline{\mathbf{y}}, \overline{\mathbf{u}}$ などの記号も用いる）
$\mathbf{x}$	有限長の離散時間信号（$\mathbf{y}, \mathbf{z}$ などの記号も用いる）
$\overline{\mathrm{x}}_n$	信号 $\overline{\mathbf{x}}$ の時点 n での信号値
x_n	信号 $\mathbf{x}$ の時点 n での信号値
$\overline{\boldsymbol{\delta}}$	単位インパルス信号
$\overline{\mathbf{h}}$	インパルス応答
$\boldsymbol{x}$	信号 $\mathbf{x}$ の確率変数
x_n	信号値 x_n の確率変数
m	標本平均
v	標本分散
s	標本標準偏差
c_{xy}	信号 $\mathbf{x}, \mathbf{y}$ の標本共分散
r_{xy}	信号 $\mathbf{x}, \mathbf{y}$ の標本相関係数
μ	確率変数の平均，ガウス分布のパラメータ
σ^2	確率変数の分散
σ	確率変数の標準偏差，ガウス分布のパラメータ
σ_{xy}	確率変数 x, y の共分散
r_{xy}	確率変数 x, y の相関係数
$\boldsymbol{\theta}$	確率分布のパラメータをまとめたもの
$\boldsymbol{r}$	カテゴリカル分布のパラメータ
$\boldsymbol{\mu}$	二次元ガウス分布の平均ベクトル
Σ	二次元ガウス分布の共分散行列
c	自己回帰モデルのパラメータ
ϕ	自己回帰モデル，状態空間モデルのパラメータ

2 信号とシステム

2.1 確定信号と不規則信号

離散時間信号 $\overline{\mathbf{x}} = [\ldots, \overline{\mathrm{x}}_n, \ldots]$ を考える．このとき，時点 n での信号値 $\overline{\mathrm{x}}_n$ があらかじめ決まっており，その信号値が n の関数として表せるような信号のことを**確定信号** (deterministic signal) と呼ぶ．これに対して，時点 n での信号の値 $\overline{\mathrm{x}}_n$ が確定しておらず，その信号値が確率的に変化する信号のことを**不規則信号** (random signal) と呼ぶ．

確定信号と不規則信号の例をそれぞれ**図 2.1** と**図 2.2** に示す．図 2.1 は時点 n の信号値が $\overline{\mathrm{x}}_n = \sin(2\pi n/10)$ で表される確定信号であり，任意の時点 n での信号値 $\overline{\mathrm{x}}_n$ を予測することができる．一方，図 2.2 は $\overline{\mathrm{x}}_n$ の値が確率的に変化する不規則信号であり，時点 n での信号値 $\overline{\mathrm{x}}_n$ をあらかじめ知ることはできない．世の中の多くの信号は不規則信号である．しかしながら，確定信号を扱う

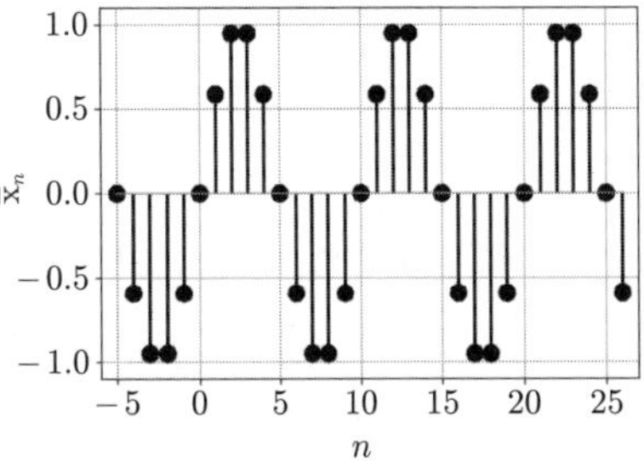

図 2.1 確定信号の例

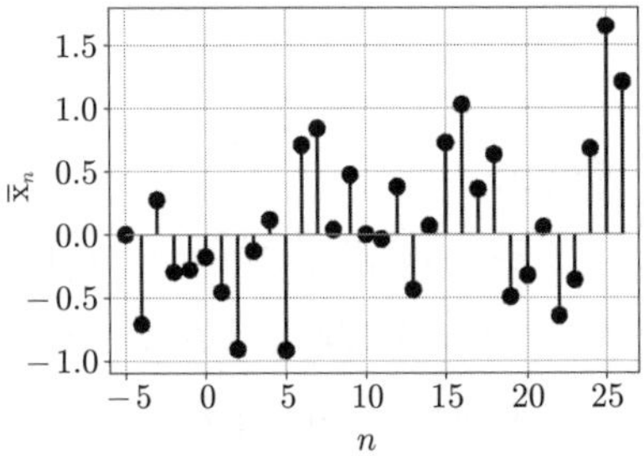

図 2.2 不規則信号の例

ための方法論は不規則信号の方法への重要な基礎となる．不規則信号を扱う方法論の多くは確定信号の方法の拡張である．

例 2.1

ステップ信号 $\overline{\mathbf{u}} = [\ldots, \overline{\mathrm{u}}_n, \ldots]$ や矩形信号 $\overline{\mathbf{r}} = [\ldots, \overline{\mathrm{r}}_n, \ldots]$ は基本的な確定信号の例である．ステップ信号の時点 n での信号値は

$$\overline{\mathrm{u}}_n = \begin{cases} 1 & (n \geqq 0) \\ 0 & (n < 0) \end{cases}$$

で与えられ，矩形信号の時点 n での信号値は

$$\overline{\mathrm{r}}_n = \begin{cases} 1 & (n = 0, \ldots, N-1) \\ 0 & (n \neq 0, \ldots, N-1) \end{cases}$$

で与えられる．

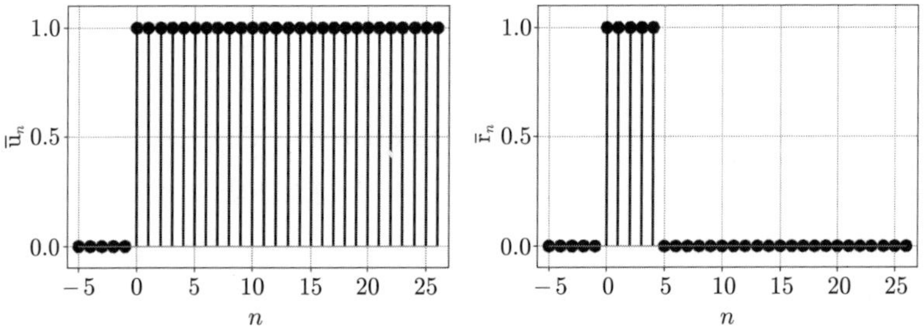

ステップ信号 $\overline{\mathbf{u}}$　　　矩形信号 $\overline{\mathbf{r}}$ の例（$N=5$）

例 2.2

サイコロの出目が時点 n での信号値となる信号 $\overline{\mathbf{d}} = [\ldots, \overline{\mathrm{d}}_n, \ldots]$ を考える．この信号は理想化された不規則信号の一例である．われわれはサイコロの出目が 1 ～ 6 のどれかであることは知っているが，時点 n での出目を正確に予測することはできない．このような信号が不規則信号と呼ばれる．

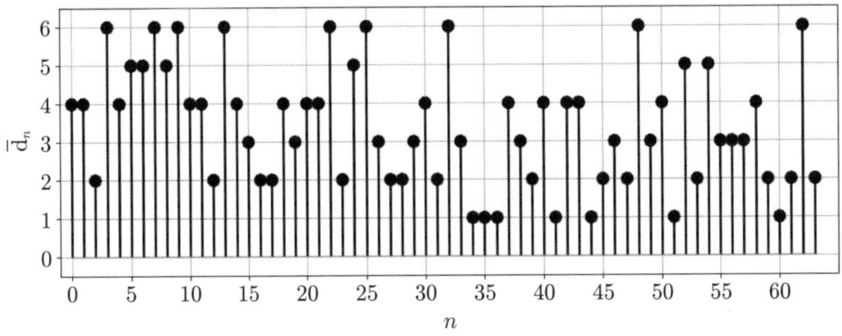

サイコロの出目で決まる不規則信号

確定信号

時点 n での信号の値 $\overline{\mathrm{x}}_n$ が n の関数として記述できる信号.

不規則信号

時点 n での信号の値 $\overline{\mathrm{x}}_n$ が確率的に変化する信号.

2.2　信号の時間遅れ

信号処理では，信号の時間遅れを利用する場合が多い．離散時間信号 $\overline{\mathbf{x}} = [\ldots, \overline{\mathrm{x}}_n, \ldots]$ に対して，信号を $k\ (>0)$ だけ遅らせた信号を $\overline{\mathbf{x}}_{(k)}$ で表す．信号 $\overline{\mathbf{x}}_{(k)}$ の時点 n での信号値は

$$\overline{\mathrm{x}}_{(k)n} = \overline{\mathrm{x}}_{n-k} \tag{2.1}$$

で与えられる．

例 2.3

時点 n での信号値が

$$\overline{\mathrm{s}}_n = \begin{cases} n & (n \geqq 0) \\ 0 & (n < 0) \end{cases}$$

で与えられる離散時間信号 $\bar{\mathbf{s}} = [\ldots, \bar{s}_n, \ldots]$ を k (>0) だけ遅らせた信号 $\bar{\mathbf{s}}_{(k)}$ を考える.

信号 $\bar{\mathbf{s}}_{(k)}$ の時点 n での信号値は

$$\bar{s}_{(k)n} = \bar{s}_{n-k} = \begin{cases} n-k & (n \geqq k) \\ 0 & (n < k) \end{cases}$$

のように計算することができる. 元の信号 $\bar{\mathbf{s}}$ と $k = 5, 10, 15$ での信号 $\bar{\mathbf{s}}_{(k)}$ を図示するとつぎのようになる.

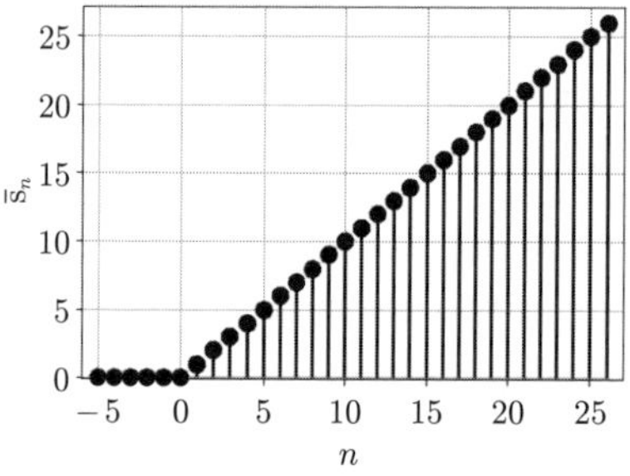

元の信号 $\bar{\mathbf{s}}$

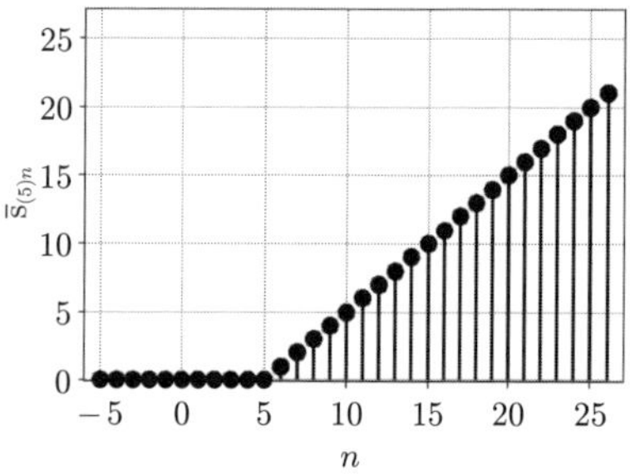

時間遅れ信号 $\bar{\mathbf{s}}_{(5)}$

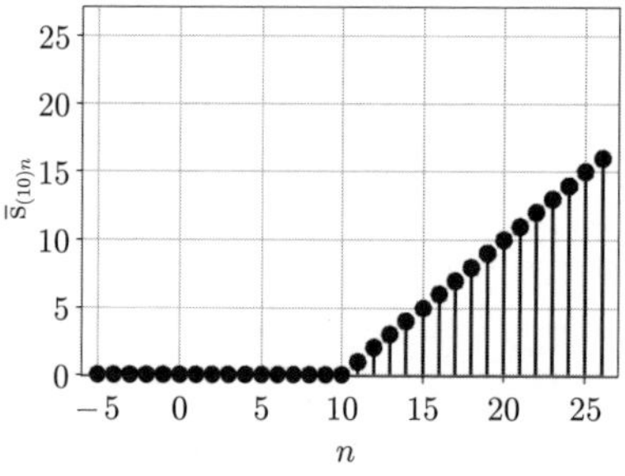

時間遅れ信号 $\bar{\mathbf{s}}_{(10)}$

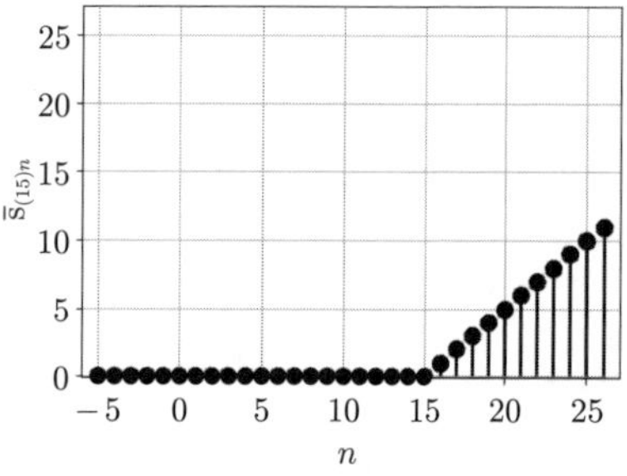

時間遅れ信号 $\bar{\mathbf{s}}_{(15)}$

信号の時間遅れ

離散時間信号 $\overline{\mathbf{x}} = [\ldots, \overline{\mathrm{x}}_n, \ldots]$ を k だけ遅らせた信号 $\overline{\mathbf{x}}_{(k)}$ の時点 n での信号値は $\overline{\mathrm{x}}_{n-k}$ となる.

2.3 単位インパルス信号

確定的な離散信号の扱いでは,**単位インパルス信号** (unit impulse signal) が中心的な役割を担う.単位インパルス信号とは,時点 n での信号値が

$$\overline{\delta}_n = \begin{cases} 1 & (n = 0) \\ 0 & (n \neq 0) \end{cases} \tag{2.2}$$

で与えられる確定信号 $\overline{\boldsymbol{\delta}} = [\ldots, \overline{\delta}_n, \ldots]$ のことであり,その様子は**図 2.3** のようになる.また,単位インパルス信号を 10 だけ遅らせた時間遅れ信号 $\overline{\boldsymbol{\delta}}_{(10)}$ は**図 2.4** のようになる.

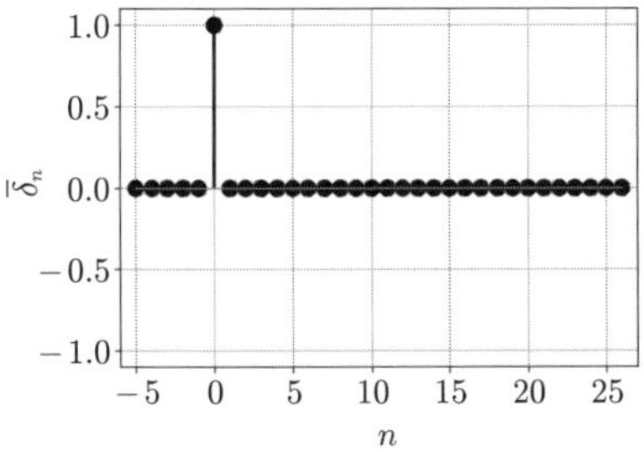

図 2.3 単位インパルス信号 $\boldsymbol{\delta}$

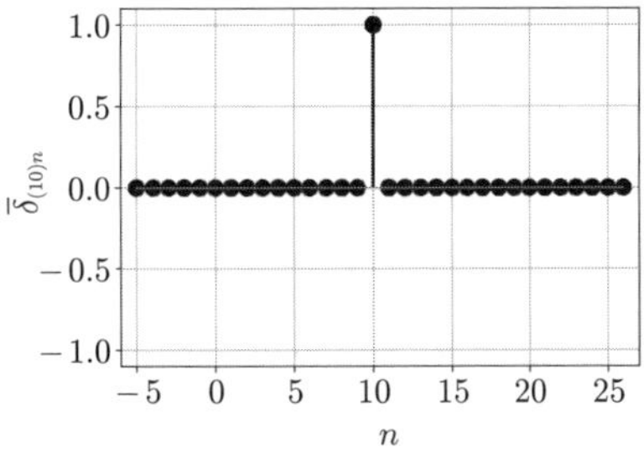

図 2.4 時間遅れ信号 $\boldsymbol{\delta}_{(10)}$

単位インパルス信号を考える利点は,任意の信号 $\overline{\mathbf{x}}$ が $\overline{\boldsymbol{\delta}}_{(k)}$ の重ね合わせで表されることである.任意の信号 $\overline{\mathbf{x}}$ は単位インパルス信号の時間遅れ $\overline{\boldsymbol{\delta}}_{(k)}$ を用いて

$$\overline{\mathbf{x}} = \sum_{k=-\infty}^{\infty} \overline{\mathrm{x}}_k \overline{\boldsymbol{\delta}}_{(k)} \tag{2.3}$$

のように表すことができる．信号 $\overline{\mathbf{x}}$ を各時点 k のみで値 $\overline{\mathrm{x}}_k$ をもつ単位インパルス信号 $\overline{\mathrm{x}}_k\overline{\boldsymbol{\delta}}_{(k)}$ の足し算に分解するのである．この表現を用いると，時点 n での信号値 $\overline{\mathrm{x}}_n$ は

$$\overline{\mathrm{x}}_n = \sum_{k=-\infty}^{\infty} \overline{\mathrm{x}}_k \overline{\delta}_{n-k} \tag{2.4}$$

のように表すことができる．

単位インパルス信号

時点 n での信号値が次式で与えられる確定信号 $\overline{\boldsymbol{\delta}}$.

$$\overline{\delta}_n = \begin{cases} 1 & (n = 0) \\ 0 & (n \neq 0) \end{cases}$$

任意の離散時間信号 $\overline{\mathbf{x}}$ は $\overline{\boldsymbol{\delta}}$ の時間遅れ $\overline{\boldsymbol{\delta}}_{(k)}$ の重ね合わせとして表現できる．

2.4 離散時間システム

二つの離散時間信号 $\overline{\mathbf{x}}, \overline{\mathbf{y}}$ に対して，図 **2.5** のような信号 $\overline{\mathbf{x}}$ を入力として信号 $\overline{\mathbf{y}}$ を出力する変換器 $\mathcal{S}$ を考える．このような変換器のことを**離散時間システム** (discrete-time system) と呼び，入力信号 $\overline{\mathbf{x}}$ と出力信号 $\overline{\mathbf{y}}$ の入出力関係を $\overline{\mathbf{y}} = \mathcal{S}[\overline{\mathbf{x}}]$ と表す．

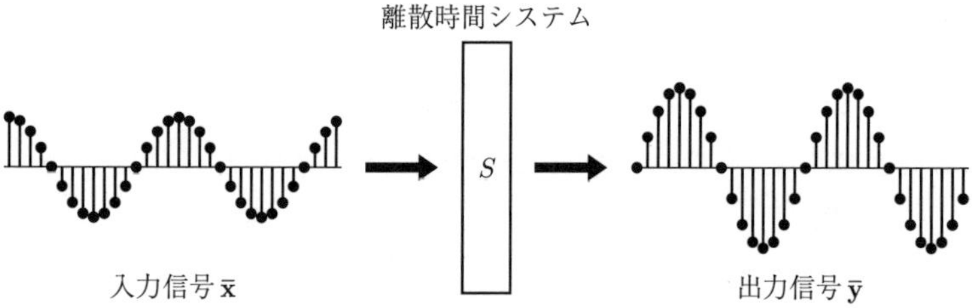

図 **2.5** 離散時間システムの例

離散時間システム $\mathcal{S}$ がつぎの二つの性質 (L1), (L2) をもつとき，このシステム $\mathcal{S}$ を**線形システム** (linear system) と呼ぶ．

> **線形システム**
>
> つぎの線形性の性質 (L1), (L2) をもつ離散時間システム．
>
> (L1) 二つの信号 $\overline{\mathbf{x}}_1, \overline{\mathbf{x}}_2$ の和 $\overline{\mathbf{x}}_1 + \overline{\mathbf{x}}_2$ が入力されたときの出力は，それぞれの信号を入力したときの出力 $\overline{\mathbf{y}}_1, \overline{\mathbf{y}}_2$ の和となる．
>
> $$\overline{\mathbf{y}}_1 = \mathcal{S}[\overline{\mathbf{x}}_1], \overline{\mathbf{y}}_2 = \mathcal{S}[\overline{\mathbf{x}}_2] \;\Rightarrow\; \overline{\mathbf{y}}_1 + \overline{\mathbf{y}}_2 = \mathcal{S}[\overline{\mathbf{x}}_1 + \overline{\mathbf{x}}_2] \qquad (2.5)$$
>
> (L2) 信号 $\overline{\mathbf{x}}$ の定数倍 $\alpha\overline{\mathbf{x}}$ を入力したときの出力は，元の信号の出力 $\overline{\mathbf{y}}$ を同じだけ定数倍したものとなる．
>
> $$\overline{\mathbf{y}} = \mathcal{S}[\overline{\mathbf{x}}] \;\Rightarrow\; \alpha\overline{\mathbf{y}} = \mathcal{S}[\alpha\overline{\mathbf{x}}] \qquad (2.6)$$

入力信号 $\overline{\mathbf{x}}$ が M 種類の信号 $\overline{\mathbf{x}}_1, \ldots, \overline{\mathbf{x}}_M$ の重ね合わせとして表現できるとき，この入力信号 $\overline{\mathbf{x}}$ に対する線形システム $\mathcal{S}$ の出力 $\overline{\mathbf{y}} = \mathcal{S}[\overline{\mathbf{x}}]$ は

$$\overline{\mathbf{x}} = \sum_{k=1}^{M} \alpha_k \overline{\mathbf{x}}_k,\ \overline{\mathbf{y}}_k = \mathcal{S}[\overline{\mathbf{x}}_k] \;\Rightarrow\; \overline{\mathbf{y}} = \mathcal{S}[\overline{\mathbf{x}}] = \sum_{k=1}^{M} \alpha_k \overline{\mathbf{y}}_k \qquad (2.7)$$

のように各信号 $\overline{\mathbf{x}}_k$ に対する出力 $\overline{\mathbf{y}}_k = \mathcal{S}[\overline{\mathbf{x}}_k]$ の重ね合わせとなる．また，離散時間システム $\mathcal{S}$ がつぎの性質 (TI) をもつとき，このシステム $\mathcal{S}$ を**時不変システム** (time-invariant system) と呼ぶ．

> **時不変システム**
>
> つぎの時不変性の性質 (TI) をもつ離散時間システム．
>
> (TI) 信号 $\overline{\mathbf{x}}$ を k だけ遅らせた信号 $\overline{\mathbf{x}}_{(k)}$ の出力は，元の信号の出力 $\overline{\mathbf{y}}$ を k だけ遅らせたものとなる．
>
> $$\overline{\mathbf{y}} = \mathcal{S}[\overline{\mathbf{x}}] \;\Rightarrow\; \overline{\mathbf{y}}_{(k)} = \mathcal{S}[\overline{\mathbf{x}}_{(k)}] \qquad (2.8)$$

線形システムであり，時不変システムでもあるシステムのことを**線形時不変**

システム (linear time-invariant system) と呼ぶ．つまり，線形時不変システムとは，線形システムの性質 (L1), (L2) と時不変システムの性質 (TI) の三つの性質をもつ離散時間システムのことである．

線形時不変システム

線形性 (L1), (L2) と時不変性 (TI) の三つの性質をもつ離散時間システム．

(L1) $\overline{\mathbf{y}}_1 = \mathcal{S}[\overline{\mathbf{x}}_1], \overline{\mathbf{y}}_2 = \mathcal{S}[\overline{\mathbf{x}}_2] \;\Rightarrow\; \overline{\mathbf{y}}_1 + \overline{\mathbf{y}}_2 = \mathcal{S}[\overline{\mathbf{x}}_1 + \overline{\mathbf{x}}_2]$

(L2) $\overline{\mathbf{y}} = \mathcal{S}[\overline{\mathbf{x}}] \;\Rightarrow\; \alpha\overline{\mathbf{y}} = \mathcal{S}[\alpha\overline{\mathbf{x}}]$

(TI) $\overline{\mathbf{y}} = \mathcal{S}[\overline{\mathbf{x}}] \;\Rightarrow\; \overline{\mathbf{y}}_{(k)} = \mathcal{S}[\overline{\mathbf{x}}_{(k)}]$

例 2.4

システム $\mathcal{S}$ の入出力が次式で表されるとする．

$$\overline{\mathbf{y}} = \mathcal{S}[\overline{\mathbf{x}}] = \alpha\overline{\mathbf{x}}$$

このシステムは線形時不変システムである．

二つの離散信号 $\overline{\mathbf{x}}_1, \overline{\mathbf{x}}_2$ に対して $\mathcal{S}[a\overline{\mathbf{x}}_1 + b\overline{\mathbf{x}}_2]$ を考えると

$$\begin{aligned}\mathcal{S}[a\overline{\mathbf{x}}_1 + b\overline{\mathbf{x}}_2] &= \alpha(a\overline{\mathbf{x}}_1 + b\overline{\mathbf{x}}_2) = a(\alpha\overline{\mathbf{x}}_1) + b(\alpha\overline{\mathbf{x}}_2) \\ &= a\mathcal{S}[\overline{\mathbf{x}}_1] + b\mathcal{S}[\overline{\mathbf{x}}_2]\end{aligned}$$

となるので，このシステムは線形システムである．また，$\overline{\mathbf{x}}$ を k だけ遅らせた信号 $\overline{\mathbf{x}}_{(k)}$ に対しては

$$\mathcal{S}[\overline{\mathbf{x}}_{(k)}] = \alpha\overline{\mathbf{x}}_{(k)}$$

であるので，このシステムは時不変システムである．よって，このシステムは線形時不変システムである．

例 2.5

システム $\mathcal{S}$ の入出力が次式で表されるとする．

$$\overline{\mathbf{y}} = \mathcal{S}[\overline{\mathbf{x}}] = \overline{\mathbf{x}} + \overline{\mathbf{x}}_{(1)}$$

このシステム $\mathcal{S}$ は線形時不変システムである．

二つの離散信号 $\overline{\mathbf{x}}_1, \overline{\mathbf{x}}_2$ に対して $\mathcal{S}[a\overline{\mathbf{x}}_1 + b\overline{\mathbf{x}}_2]$ を考えると

$$\begin{aligned}\mathcal{S}[a\overline{\mathbf{x}}_1 + b\overline{\mathbf{x}}_2] &= (a\overline{\mathbf{x}}_1 + b\overline{\mathbf{x}}_2) + (a\overline{\mathbf{x}}_1 + b\overline{\mathbf{x}}_2)_{(1)} \\ &= a\overline{\mathbf{x}}_1 + b\overline{\mathbf{x}}_2 + a\overline{\mathbf{x}}_{1(1)} + b\overline{\mathbf{x}}_{2(1)} \\ &= a\left(\overline{\mathbf{x}}_1 + \overline{\mathbf{x}}_{1(1)}\right) + b\left(\overline{\mathbf{x}}_2 + \overline{\mathbf{x}}_{2(1)}\right) \\ &= a\mathcal{S}[\overline{\mathbf{x}}_1] + b\mathcal{S}[\overline{\mathbf{x}}_2]\end{aligned}$$

となるので，このシステムは線形システムである．また，$\overline{\mathbf{x}}$ を k だけ遅らせた信号 $\overline{\mathbf{x}}_{(k)}$ に対しては

$$\mathcal{S}[\overline{\mathbf{x}}_{(k)}] = \overline{\mathbf{x}}_{(k)} + \overline{\mathbf{x}}_{(k+1)} = \left(\overline{\mathbf{x}} + \overline{\mathbf{x}}_{(1)}\right)_{(k)} = \overline{\mathbf{y}}_{(k)}$$

となるので，このシステムは時不変システムである．よって，このシステムは線形時不変システムである．

線形時不変システム

線形性 (L1), (L2) と時不変性 (TI) の三つの性質をもつ離散時間システム．

2.5 インパルス応答

線形時不変な離散時間システムでは，単位インパルス信号が重要な役割を担う．**図 2.6** のように，単位インパルス信号 $\overline{\boldsymbol{\delta}}$ を入力したときの線形時不変システム $\mathcal{S}$ の出力 $\overline{\mathbf{h}} = \mathcal{S}[\overline{\boldsymbol{\delta}}]$ は**インパルス応答** (impulse response) と呼ばれている．

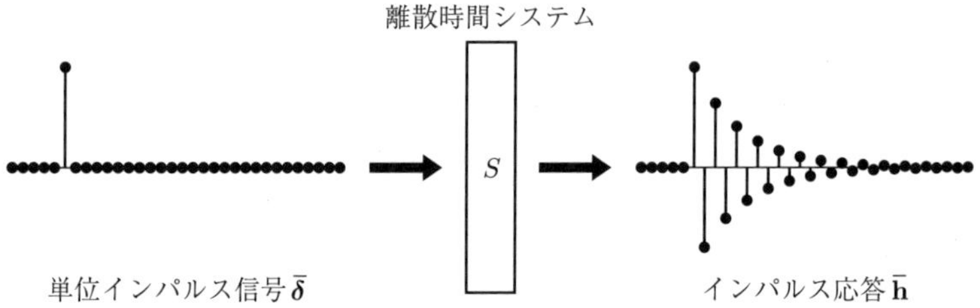

図 2.6 インパルス応答の例

システムの時不変性から時間遅れ k に対するインパルス応答は $\overline{\mathbf{h}}_{(k)} = \mathcal{S}[\overline{\boldsymbol{\delta}}_{(k)}]$ である．

任意の信号に対する線形時不変システムの出力はインパルス応答を用いて表現することができる．式 (2.3) と線形時不変システムの性質から，信号 $\overline{\mathbf{x}}$ を入力したときの線形時不変システムの出力 $\overline{\mathbf{y}} = \mathcal{S}[\overline{\mathbf{x}}]$ は

$$\overline{\mathbf{y}} = \mathcal{S}\left[\sum_{k=-\infty}^{\infty} \overline{\mathrm{x}}_k \overline{\boldsymbol{\delta}}_{(k)}\right] = \sum_{k=-\infty}^{\infty} \overline{\mathrm{x}}_k \mathcal{S}[\overline{\boldsymbol{\delta}}_{(k)}] = \sum_{k=-\infty}^{\infty} \overline{\mathrm{x}}_k \overline{\mathbf{h}}_{(k)} \tag{2.9}$$

のように表される．すなわち，線形時不変システム $\mathcal{S}$ のインパルス応答 $\overline{\mathbf{h}}$ が既知であれば，その時間遅れ $\overline{\mathbf{h}}_{(k)}$ を用いることで，任意の入力信号 $\overline{\mathbf{x}}$ に対するシステム $\mathcal{S}$ の出力 $\overline{\mathbf{y}} = \mathcal{S}[\overline{\mathbf{x}}]$ を求めることができるのである．

式 (2.9) の結果から，出力信号 $\overline{\mathbf{y}}$ の時点 n での信号値 $\overline{\mathrm{y}}_n$ は

$$\overline{\mathrm{y}}_n = \sum_{k=-\infty}^{\infty} \overline{\mathrm{x}}_k \overline{\mathrm{h}}_{n-k} \tag{2.10}$$

と表される．このとき，$k' = n - k$ と変数変換すると，信号値 $\overline{\mathrm{y}}_n$ は

$$\overline{\mathrm{y}}_n = \sum_{k'=-\infty}^{\infty} \overline{\mathrm{h}}_{k'} \overline{\mathrm{x}}_{n-k'} \tag{2.11}$$

のように表すこともできる．離散時間信号の信号処理では，式 (2.11) のような計算式が頻出する．式 (2.11) の計算は**畳み込み** (convolution) と呼ばれ，線形時不変システムの出力 $\overline{\mathbf{y}}$ はシステムのインパルス応答 $\overline{\mathbf{h}}$ と入力信号 $\overline{\mathbf{x}}$ の畳み込みとなる．また，式 (2.11) の表現を用いると，出力信号 $\overline{\mathbf{y}}$ は入力信号 $\overline{\mathbf{x}}$ の時

間遅れ $\overline{\mathbf{x}}_{(k)}$ を用いて

$$\overline{\mathbf{y}} = \sum_{k=-\infty}^{\infty} \overline{\mathrm{h}}_k \overline{\mathbf{x}}_{(k)} \tag{2.12}$$

と表すこともできる．線形時不変システムでは，信号 $\overline{\mathbf{x}}$ を入力したときの出力 $\overline{\mathbf{y}} = \mathcal{S}[\overline{\mathbf{x}}]$ を時間遅れ信号 $\overline{\mathbf{x}}_{(k)}$ の重ね合わせとしても表すことができるのである．

例 2.6

インパルス応答 $\overline{\mathbf{h}}$ が単位インパルス信号 $\overline{\boldsymbol{\delta}}$ となる線形時不変システムに信号 $\overline{\mathbf{x}}$ を入力したときの出力を考える．

システムの出力を $\overline{\mathbf{y}} = \mathcal{S}[\overline{\mathbf{x}}]$ とする．式 (2.11) から時点 n での出力信号の信号値は

$$\overline{\mathrm{y}}_n = \sum_{k=-\infty}^{\infty} \overline{\delta}_k \overline{\mathrm{x}}_{n-k} = \overline{\mathrm{x}}_n$$

で与えられる．このように，インパルス応答が単位インパルス信号となるシステムでは，入力信号 $\overline{\mathbf{x}}$ と出力信号 $\overline{\mathbf{y}}$ が同じになる．

例 2.7

インパルス応答 $\overline{\mathbf{h}} = [\ldots, \overline{\mathrm{h}}_n, \ldots]$ が次式で与えられる線形時不変システムにステップ信号 $\overline{\mathbf{u}}$ を入力したときの出力を考える．ただし，$|\alpha| < 1$ とする．

$$\overline{\mathrm{h}}_n = \begin{cases} \alpha^n & (n \geqq 0) \\ 0 & (n < 0) \end{cases}$$

システムの出力を $\overline{\mathbf{y}} = \mathcal{S}[\overline{\mathbf{u}}]$ とする．式 (2.11) から時点 n での出力信号の信号値は

$$\overline{\mathrm{y}}_n = \sum_{k=-\infty}^{\infty} \overline{\mathrm{h}}_k \overline{\mathrm{u}}_{n-k} = \begin{cases} \displaystyle\sum_{k=0}^{n} \alpha^k = \frac{1-\alpha^{n+1}}{1-\alpha} & (n \geqq 0) \\ 0 & (n < 0) \end{cases}$$

で与えられる．この出力を図示するとつぎのようになる．

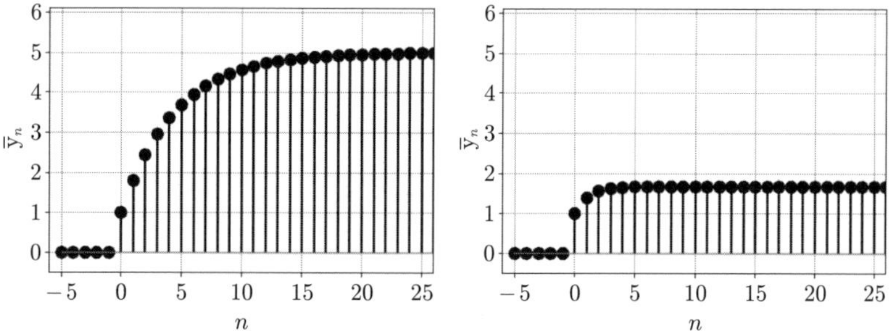

出力信号（$\alpha = 0.8$）　　出力信号（$\alpha = 0.4$）

インパルス応答

単位インパルス信号 $\overline{\boldsymbol{\delta}}$ を入力したときの線形時不変システム $\mathcal{S}$ の出力 $\overline{\mathbf{h}}$.
入力信号 $\overline{\mathbf{x}}$ に対する線形時不変システム $\mathcal{S}$ の出力はインパルス応答 $\overline{\mathbf{h}}$ と入力信号 $\overline{\mathbf{x}}$ との畳み込みとなる．

2.6　信号とシステムの因果性

線形時不変システムの出力 $\overline{\mathbf{y}} = \mathcal{S}[\overline{\mathbf{x}}]$ が

$$\overline{\mathbf{y}} = \sum_{k=0}^{\infty} \overline{\mathrm{h}}_k \overline{\mathbf{x}}_{(k)} \tag{2.13}$$

の形で表されるとき，このシステム $\mathcal{S}$ のことを**因果的なシステム** (causality system) という．因果的なシステムでは，時点 n での出力信号の値 $\overline{\mathrm{y}}_n$ が

$$\overline{\mathrm{y}}_n = \sum_{k=0}^{\infty} \overline{\mathrm{h}}_k \overline{\mathrm{x}}_{n-k} \tag{2.14}$$

のように過去の入力信号の値 $\overline{\mathrm{x}}_m$ $(m \leqq n)$ のみで表されるようになる．また，信号 $\overline{\mathbf{x}} = [\ldots, \overline{\mathrm{x}}_n, \ldots]$ の信号値が

$$\overline{\mathrm{x}}_n = 0 \quad (n < 0) \tag{2.15}$$

なる条件を満たすとき，この信号 $\overline{\mathbf{x}}$ は**因果的な信号** (causality signal) と呼ばれる．因果的なシステムに因果的な信号を入力すると，出力信号の時点 n での信号値は

$$\overline{\mathrm{y}}_n = \sum_{k=0}^{n} \overline{\mathrm{h}}_k \overline{\mathrm{x}}_{n-k} \tag{2.16}$$

のように表される．

因果的なシステムでは，インパルス応答 $\overline{\mathbf{h}} = [\ldots, \overline{\mathrm{h}}_n, \ldots]$ もまた因果的となる．実際，ある正の整数 m が存在してインパルス応答が

$$\begin{cases} \overline{\mathrm{h}}_n \neq 0 & (-m \leqq n) \\ \overline{\mathrm{h}}_n = 0 & (n < -m) \end{cases} \tag{2.17}$$

であったとすると，式 (2.11) から時点 n でのシステムの出力は

$$\overline{\mathrm{y}}_n = \sum_{k=-m}^{\infty} \overline{\mathrm{h}}_k \overline{\mathrm{x}}_{n-k}$$

と表すことができ，このようなシステムは因果的ではない．

因果的なシステム

$n < 0$ でのインパルス応答が $\overline{\mathrm{h}}_n = 0$ となる線形時不変システム $\mathcal{S}$.

因果的な信号

$n < 0$ での信号値が $\overline{\mathrm{x}}_n = 0$ となる信号 $\overline{\mathbf{x}}$.

2.7 システムの実現

われわれの考える信号処理システムは実際に実現可能なものでなければなら

ない．まず，システムが実現可能であるためには，考慮するシステムが実現可能な基本要素から作られている必要がある．離散時間システムを実現するための基本要素としてはつぎのようなものがある．

(a) **分岐**：入力された信号と同じものを二つ出力する．

(b) **加算**：入力された二つの信号の和を出力する．

(c) **乗算**：入力された信号を定数倍したものを出力する．

(d) **遅延**：入力された信号を遅延させて出力する．

本書では，これらの基本要素を**図 2.7** のような図でそれぞれ表現する．これらの要素を組み合わせることで，さまざまな離散時間システムの構成図を作成することができる．

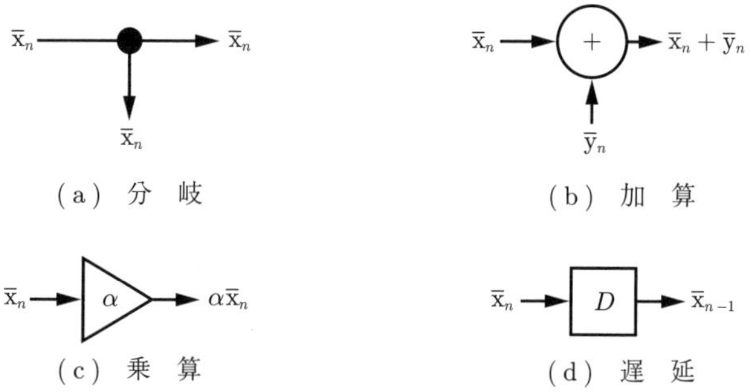

図 2.7　離散時間システムを構成する基本要素

また，システムが実現可能であるためには，考慮するシステムが有限個の基本要素から作られている必要がある．無限個の基本要素を用意することは現実的には不可能であるからである．離散時間システムが実現可能であるためには，**図 2.8** のように，有限個の基本要素で構成図を設計する必要がある．

> **離散時間システムの基本要素**
>
> 離散時間システムの基本要素は分岐，加算，乗算，遅延の四つである．実現可能なシステムを作るためには，有限個の基本要素の組み合わせでシステムの構成図を設計する必要がある．

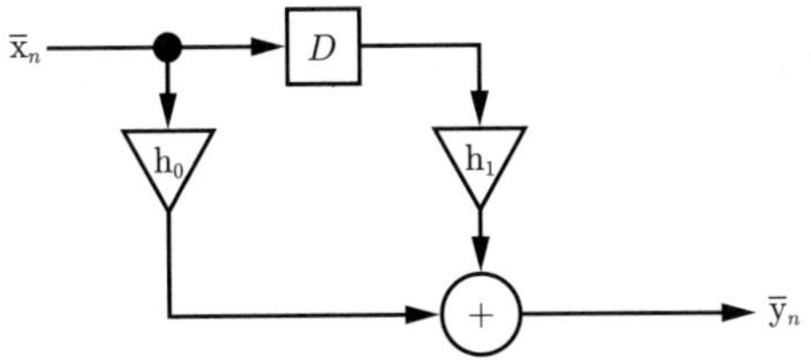

図 **2.8** 実現可能なシステムの構成図

2.8 有限インパルス応答システム

因果的な線形時不変システム $\overline{\mathbf{y}} = \mathcal{S}[\overline{\mathbf{x}}]$ を考える．線形時不変システムの出力が有限個の係数 $a_0, \ldots, a_K$ を用いて

$$\overline{\mathbf{y}} = \sum_{k=0}^{K} a_k \overline{\mathbf{x}}_{(k)} \tag{2.18}$$

のように表されるとき，この離散時間システムを**有限インパルス応答システム** (finite impulse response system)，略して **FIR システム**という．FIR システムでは，インパルス応答 $\overline{\mathbf{h}} = [\ldots, \overline{\mathrm{h}}_n, \ldots]$ の各要素 $\overline{\mathrm{h}}_n$ が

$$\overline{\mathrm{h}}_n = \begin{cases} a_n & (n = 0, \ldots, K) \\ 0 & (n \neq 0, \ldots, K) \end{cases} \tag{2.19}$$

で与えられる．FIR システムでは，インパルス応答 $\overline{\mathbf{h}}$ の有限個の要素のみが非ゼロとなるのである．また，式 (2.18) から時点 n での FIR システムの出力 $\overline{\mathrm{y}}_n$ は

$$\overline{\mathrm{y}}_n = \sum_{k=0}^{K} a_k \overline{\mathrm{x}}_{n-k} \tag{2.20}$$

となる．

FIR システムは実現可能な離散時間システムの一つである．式 (2.20) の FIR システムは図 **2.9** の構成図で設計することができる．この構成図では，K 個の

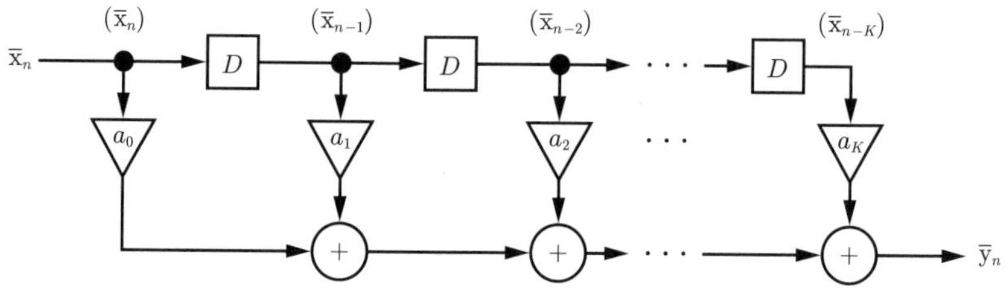

図 2.9　FIR システムの構成図

分岐と K 個の遅延，$K+1$ 個の乗算，K 個の加算の全部で $4K+1$ 個の基本要素を使用している．また，遅延要素の前後に，遅延要素の入出力にあたる信号値を ( ) 付きで表記している．

例 2.8

つぎの FIR システムに単位インパルス信号 $\overline{\boldsymbol{\delta}}$ を入力したときの出力を考える．

$$\overline{\mathbf{y}} = \mathcal{S}[\overline{\mathbf{x}}] = \sum_{k=0}^{3} a_k \overline{\mathbf{x}}_{(k)} = a_0\overline{\mathbf{x}}_{(0)} + a_1\overline{\mathbf{x}}_{(1)} + a_2\overline{\mathbf{x}}_{(2)} + a_3\overline{\mathbf{x}}_{(3)}$$

インパルス応答 $\overline{\mathbf{h}}$ の時点 n での信号値は

$$\overline{\mathrm{h}}_n = \sum_{k=0}^{3} a_k \overline{\delta}_{n-k} = a_0\overline{\delta}_n + a_1\overline{\delta}_{n-1} + a_2\overline{\delta}_{n-2} + a_3\overline{\delta}_{n-3}$$

となるので，インパルス応答は $n=0$ から順番に

$$\overline{\mathrm{h}}_0 = a_0\overline{\delta}_0 + a_1\overline{\delta}_{-1} + a_2\overline{\delta}_{-2} + a_3\overline{\delta}_{-3} = a_0$$

$$\overline{\mathrm{h}}_1 = a_0\overline{\delta}_1 + a_1\overline{\delta}_0 + a_2\overline{\delta}_{-1} + a_3\overline{\delta}_{-2} = a_1$$

$$\overline{\mathrm{h}}_2 = a_0\overline{\delta}_2 + a_1\overline{\delta}_1 + a_2\overline{\delta}_0 + a_3\overline{\delta}_{-1} = a_2$$

$$\overline{\mathrm{h}}_3 = a_0\overline{\delta}_3 + a_1\overline{\delta}_2 + a_2\overline{\delta}_1 + a_3\overline{\delta}_0 = a_3$$

$$\overline{\mathrm{h}}_4 = a_0\overline{\delta}_4 + a_1\overline{\delta}_3 + a_2\overline{\delta}_2 + a_3\overline{\delta}_1 = 0$$

$$\overline{\mathrm{h}}_5 = a_0\overline{\delta}_5 + a_1\overline{\delta}_4 + a_2\overline{\delta}_3 + a_3\overline{\delta}_2 = 0$$

$$\vdots$$

のように計算できる．よって，このシステムの $n \geqq 4$ でのインパルス応答の値 $\overline{\mathrm{h}}_n$ はつねにゼロとなる．また，システムの因果性から $n < 0$ でのインパルス応答の値もつねにゼロである．

FIR システム

インパルス応答 $\overline{\mathbf{h}} = [\ldots, \overline{\mathrm{h}}_n, \ldots]$ の有限個の要素のみが非ゼロとなる離散時間システム $\mathcal{S}$．FIR システムでは，出力信号 $\overline{\mathbf{y}}$ をつぎのように表すことができる．

$$\overline{\mathbf{y}} = \mathcal{S}[\overline{\mathbf{x}}] = \sum_{k=0}^{K} a_k \overline{\mathbf{x}}_{(k)}$$

2.9 無限インパルス応答システム

FIR システムでは，インパルス応答の非ゼロ要素の数が有限個であった．これに対して，無限個の非ゼロ要素からなるインパルス応答をもつシステムのことを**無限インパルス応答システム** (infinite impulse response system)，略して **IIR システム**という．実現可能なシステムであるためにはシステムを有限個の基本要素で構成する必要がある．IIR システムでは，出力信号のフィードバックを考えることで無限長のインパルス応答を実現している．IIR システムの出力信号は有限個の係数 $a_1, \ldots, a_L, b_0, \ldots, b_K$ を用いて

$$\overline{\mathbf{y}} = \sum_{l=1}^{L} a_l \overline{\mathbf{y}}_{(l)} + \sum_{k=0}^{K} b_k \overline{\mathbf{x}}_{(k)} \tag{2.21}$$

のように表される．時点 n での出力信号の信号値 $\overline{\mathrm{y}}_n$ は

$$\overline{\mathrm{y}}_n = \sum_{l=1}^{L} a_l \overline{\mathrm{y}}_{n-l} + \sum_{k=0}^{K} b_k \overline{\mathrm{x}}_{n-k} \tag{2.22}$$

である．

式 (2.22) の IIR システムは**図 2.10** の構成図で設計することができる．この構成図では，$K+L$ 個の分岐と $K+L$ 個の遅延，$K+L+1$ 個の乗算，$K+L$ 個の加算の全部で $4(K+L)+1$ 個の基本要素を使用している．

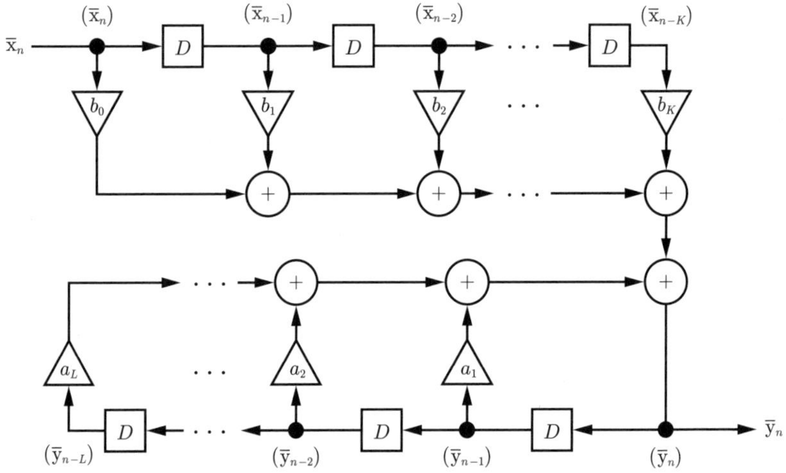

図 2.10　IIR システムの構成図

例 2.9

つぎの IIR システムに単位インパルス信号 $\overline{\boldsymbol{\delta}}$ を入力したときの出力を考える．ただし，$n<0$ では $\overline{y}_n=0$ であるとする．

$$\overline{\mathbf{y}}=\mathcal{S}[\overline{\mathbf{x}}]=a\overline{\mathbf{y}}_{(1)}+b\overline{\mathbf{x}}$$

インパルス応答 $\overline{\mathbf{h}}$ の時点 n での信号値は

$$\overline{h}_n=a\overline{h}_{n-1}+b\overline{\delta}_n$$

となるので，インパルス応答は $n=0$ から順番に

$$\overline{h}_0=a\overline{h}_{-1}+b\overline{\delta}_0=b$$

$$\overline{h}_1=a\overline{h}_0+b\overline{\delta}_1=ab$$

$$\overline{\mathrm{h}}_2 = a\overline{\mathrm{h}}_1 + b\overline{\delta}_2 = a^2 b$$

$$\overline{\mathrm{h}}_3 = a\overline{\mathrm{h}}_2 + b\overline{\delta}_3 = a^3 b$$

$$\vdots$$

$$\overline{\mathrm{h}}_n = a\overline{\mathrm{h}}_{n-1} + b\overline{\delta}_n = a^n b$$

$$\vdots$$

のように計算できる．よって，このシステムのインパルス応答 $\overline{\mathbf{h}}$ は無限に継続する．

例 2.10

フィードバック機構は IIR システムであるための必要条件であり，十分条件ではない．実際，フィードバック機構をもつ FIR システムを構成することも可能である．例として，つぎの離散時間システムに単位インパルス信号 $\overline{\boldsymbol{\delta}}$ を入力したときの出力を求める．ただし，$n < 0$ では $\overline{\mathrm{x}}_n = 0, \overline{\mathrm{y}}_n = 0$ であるとする．

$$\overline{\mathbf{y}} = \mathcal{S}[\overline{\mathbf{x}}] = \overline{\mathbf{y}}_{(1)} + 2\overline{\mathbf{x}} - \overline{\mathbf{x}}_{(1)} - \overline{\mathbf{x}}_{(2)}$$

インパルス応答 $\overline{\mathbf{h}}$ の時点 n での信号値は

$$\overline{\mathrm{h}}_n = \overline{\mathrm{h}}_{n-1} + 2\overline{\delta}_n - \overline{\delta}_{n-1} - \overline{\delta}_{n-2}$$

となるので，インパルス応答は $n = 0$ から順番に

$$\overline{\mathrm{h}}_0 = \overline{\mathrm{h}}_{-1} + 2\overline{\delta}_0 - \overline{\delta}_{-1} - \overline{\delta}_{-2} = 2$$

$$\overline{\mathrm{h}}_1 = \overline{\mathrm{h}}_0 + 2\overline{\delta}_1 - \overline{\delta}_0 - \overline{\delta}_{-1} = 1$$

$$\overline{\mathrm{h}}_2 = \overline{\mathrm{h}}_1 + 2\overline{\delta}_2 - \overline{\delta}_1 - \overline{\delta}_0 = 0$$

$$\overline{\mathrm{h}}_3 = \overline{\mathrm{h}}_2 + 2\overline{\delta}_3 - \overline{\delta}_2 - \overline{\delta}_1 = 0$$

$$\overline{\mathrm{h}}_4 = \overline{\mathrm{h}}_3 + 2\overline{\delta}_4 - \overline{\delta}_3 - \overline{\delta}_2 = 0$$

$$\vdots$$

のように計算できる．よって，このシステムの $n \geqq 2$ でのインパルス応答はつねに $\overline{\mathrm{h}}_n = 0$ となる．$n < 0$ でのインパルス応答も $\overline{\mathrm{h}}_n = 0$ であるので，このシステムのインパルス応答 $\overline{\mathbf{h}}$ は $n = 0, 1$ の二つの要素のみが非ゼロとなる．よって，このフィードバック機構をもつ離散時間システムは FIR システムである．

IIR システム

インパルス応答 $\overline{\mathbf{h}} = [\ldots, \overline{\mathrm{h}}_n, \ldots]$ の非ゼロ要素の数が無限個となる離散時間システム $\mathcal{S}$．IIR システムでは，出力信号 $\overline{\mathbf{y}}$ をつぎのように表すことができる．

$$\overline{\mathbf{y}} = \mathcal{S}[\overline{\mathbf{x}}] = \sum_{l=1}^{L} a_l \overline{\mathbf{y}}_{(l)} + \sum_{k=0}^{K} b_k \overline{\mathbf{x}}_{(k)}$$

3 不規則信号の調査 1

3.1 時間領域プロット

不規則信号を調査する最も基本的な方法は，実際に信号をプロットしてその様子を確認することである．不規則信号というのは

信号 A：$[\ 0.04, 0.16, 0.24, 0.44, 0.57, 0.68, 0.8, 0.88, \ldots, -0.15\ ]$

あるいは

信号 B：$[\ 1.07, 2.12, 1.31, 0.72, 0.46, 0.42, 0.02, -0.08, \ldots, 1.27\ ]$

のように，一見すると単なる意味不明な数値の羅列である．しかしながら，一見意味不明な数値列であっても，**図 3.1** や**図 3.2** のようなプロットを作成することでその信号の全体像を視覚的に把握することができるようになる．このように，離散時間信号 $\mathbf{x} = [\mathrm{x}_0, \ldots, \mathrm{x}_{N-1}]$ に対して，変数 n と信号値 x_n をそれぞれ横軸と縦軸として信号をプロットしたものを**時間領域プロット** (time domain plot) と呼ぶ．

われわれ人間は視覚的な把握能力に優れているため，単純に時間領域プロットを作成するだけでも信号に関するおおまかな性質を把握できる場合が多い．例えば，図 3.1 の時間領域プロットからは信号 A には周期的な性質があり，その信号値が $-1 \sim 1$ の範囲に分布していることがわかる．また，図 3.2 の時間領域プロットからは信号 B の信号値は不規則に変化してはいるものの，その信

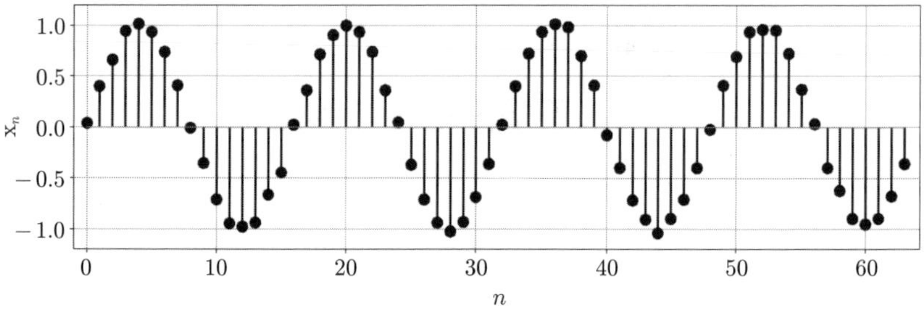

図 **3.1**　信号 A の時間領域プロット

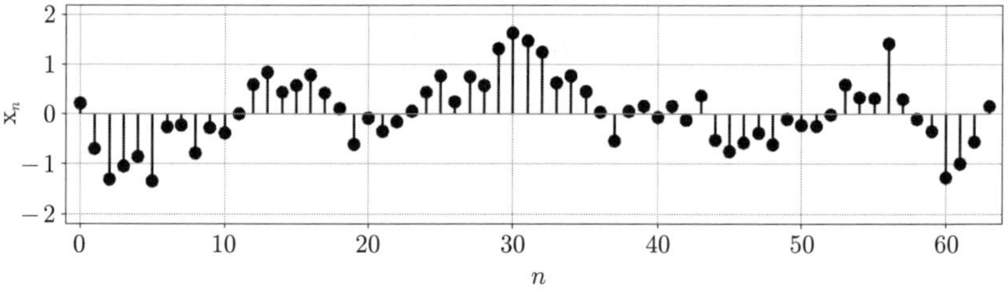

図 **3.2**　信号 B の時間領域プロット

号値は $-2 \sim 2$ の範囲に分布していることが把握できる．

時間領域プロットからはほかにもさまざまな信号の性質を把握することができる．例えば，不規則さの程度である，異なるノイズが付加された不規則信号が**図 3.3** のように与えられたとすると，付加されたノイズの大きさは図 3.3(a) の信号よりも図 3.3(b) の信号のほうが大きいであろうことが，二つの時間領域プロットの比較から判断することができる．また，**図 3.4** の時間領域プロットからは信号に増加傾向の性質があることがわかり，**図 3.5** の時間領域プロットからは途中から信号の性質が変化していることが把握できる．

例 3.1（ガウスノイズ）

ガウス分布（5.6 節）から生成された数値列 $\mathbf{e} = [\mathrm{e}_0, \ldots, \mathrm{e}_{N-1}]$ は**ガウスノイズ** (Gaussian noise) と呼ばれ，数値実験などでよく使用されるノイズの一つである．次図はガウスノイズの時間領域プロットの例であり，このようなノイズも不規則信号の一つである．

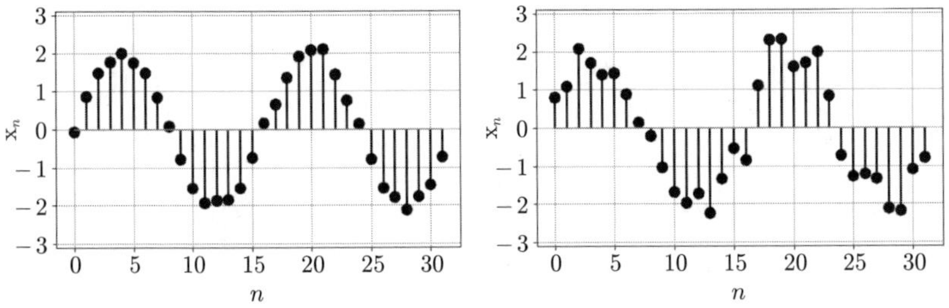

（a） ノイズの小さな信号　（b） ノイズの大きな信号

図 3.3 異なるノイズが付加された不規則信号

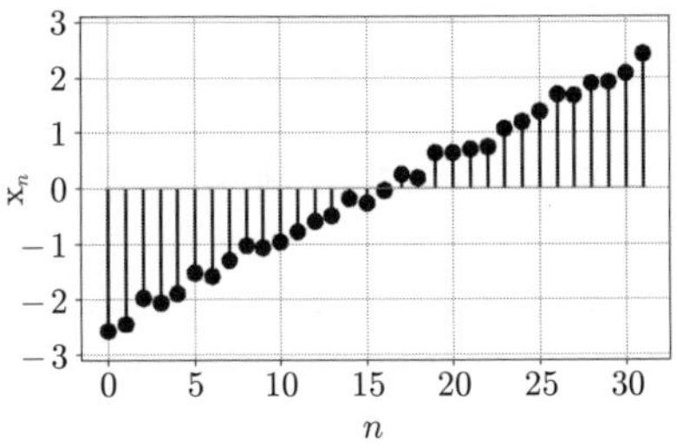

図 3.4 増加傾向にある不規則信号

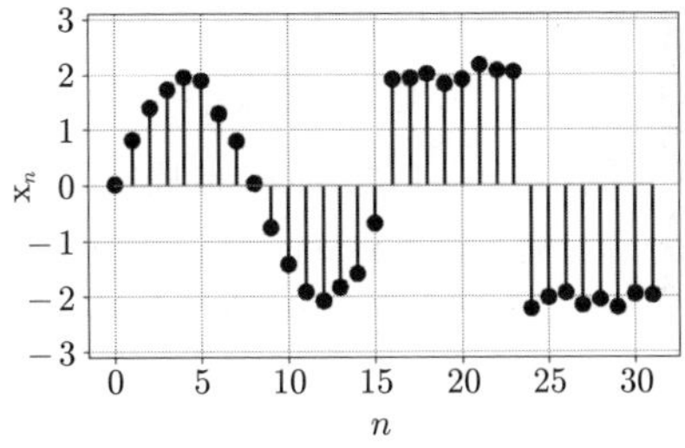

図 3.5 性質の変化する不規則信号

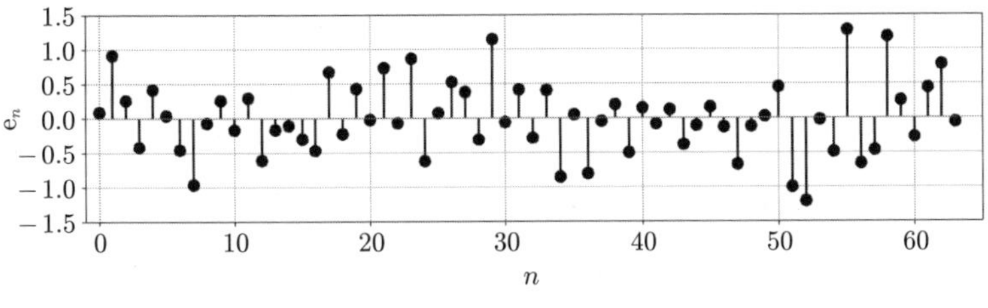

ガウスノイズの例

確定信号にガウスノイズを付加することで，ノイズで乱された不規則信号を簡単に作ることができる．次図の左側は $s_n = \sin(2\pi n/16)$ で与えられる確定信号 $\mathbf{s} = [s_0, \ldots, s_{31}]$ であり，右側はガウスノイズを付加した信号 $\mathbf{s} + \mathbf{e}$ である．

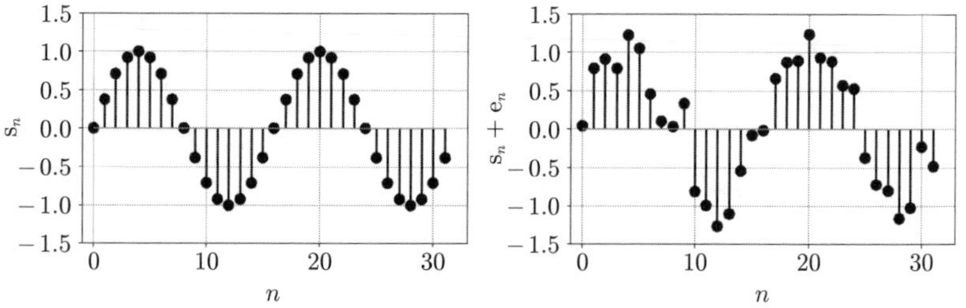

確定信号 $\mathbf{s}$　　ガウスノイズを付加した信号 $\mathbf{s}+\mathbf{e}$

時間領域プロット

時間領域変数 n を横軸，信号値 x_n を縦軸として離散時間信号 $\mathbf{x}$ の様子をプロットしたもの．時間領域プロットを確認することで信号のおおまかな性質を視覚的に把握することができる．

3.2 ヒストグラム

不規則信号 $\mathbf{x} = [\mathrm{x}_0, \ldots, \mathrm{x}_{N-1}]$ は実数値の数値列であり，このような数値列は一次元データとして扱うことができる．**ヒストグラム** (histogram) とは，このような一次元データにどのような値がどのくらい含まれているのかを調べるための統計学的な可視化法である．

一次元データの各値が存在する範囲を階級と呼ばれるいくつかの範囲に分割し，それぞれの階級にデータ内の値がいくつ含まれるのかを数えたものを度数と呼ぶ．この階級と度数の関係を柱状グラフとして表したものがヒストグラムである．ヒストグラムでは，柱の横幅が階級の幅に対応し，柱の面積が度数と比例するように高さが定められる．ヒストグラムの見た目は階級幅の選び方で変化するが，ヒストグラムの見た目ができるだけシンプルになるように階級幅を調節するのが一般的である．階級の幅をすべて等しく設定した場合は柱の高さが度数と比例する．

信号 A（図 3.1）と信号 B（図 3.2）のヒストグラムをそれぞれ**図 3.6** と**図 3.7** に与える．このように，ヒストグラムとして可視化することで離散時間信号 $\mathbf{x}$ にどのような値がそれぞれの階級にどれくらい含まれているのかを把握することができる．例えば，図 3.6 のヒストグラムからは信号 A には ±1 付近の値が多く含まれていることがわかり，図 3.7 のヒストグラムからは信号 B には 0.0 付近の値が多く含まれていることがわかる．

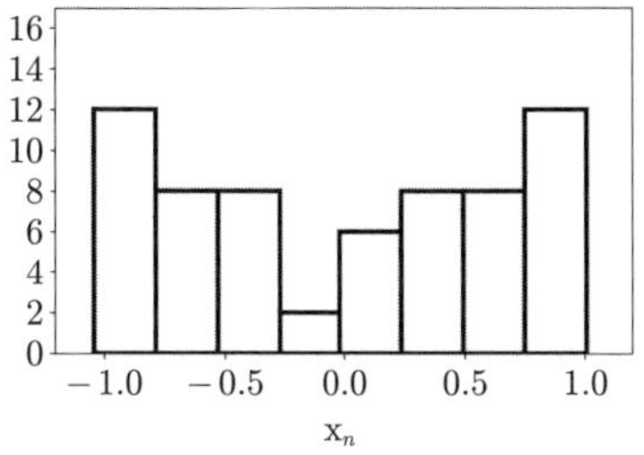

図 3.6 信号 A のヒストグラム

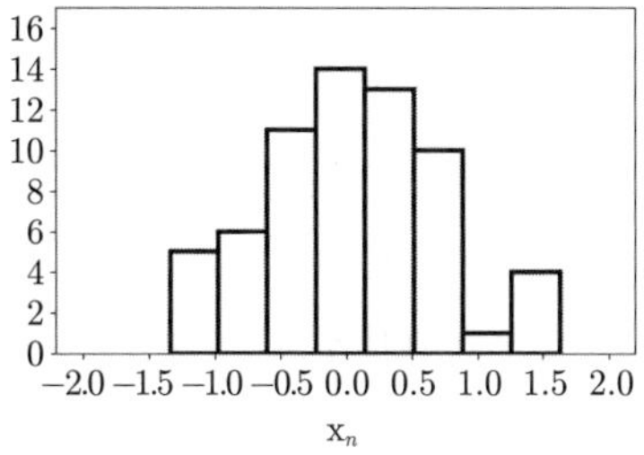

図 3.7 信号 B のヒストグラム

例 3.2

つぎの離散時間信号 $\mathbf{s}$ のヒストグラムを作成する．

$$\mathbf{s} = [\ 0.9,\ 0.7,\ 0.1,\ 1,\ 1.1,\ 0.7,\ 0.9,\ 1.3,\ 1.3,\ 1.1\ ]$$

階級を 0.2 区切りで選ぶと，各階級に含まれる信号値の数はつぎの左表のように整理でき，この表を柱状グラフで表すとつぎの右図のようになる．

階　級	度数
0 以上 0.2 未満	1
0.2 以上 0.4 未満	0
0.4 以上 0.6 未満	0
0.6 以上 0.8 未満	2
0.8 以上 1 未満	2
1 以上 1.2 未満	3
1.2 以上 1.4 未満	2

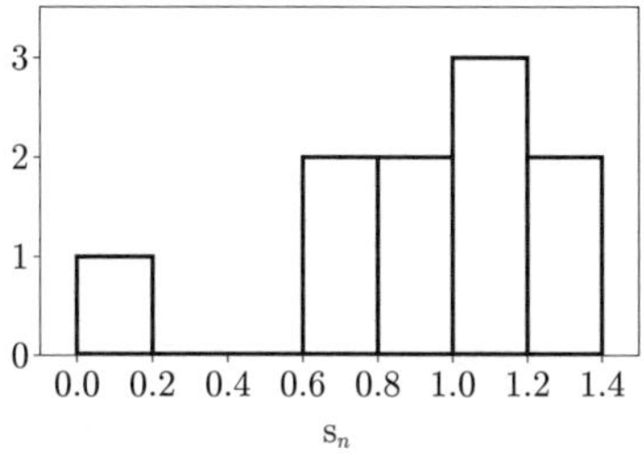

$\mathbf{s}$ のヒストグラム

ヒストグラム

一次元データ $\mathbf{x} = [\mathrm{x}_0, \ldots, \mathrm{x}_{N-1}]$ を可視化するための方法．各階級に含まれるデータ値 x_n の個数を柱状グラフとして可視化したもの．

3.3 平均と分散

ヒストグラムを用いることで離散時間信号 $\mathbf{x}$ に関するさまざまな情報を視覚的に得ることができ，信号値が存在する範囲や多くの信号値が存在する階級，信号値のだいたいの中心といった不規則信号に関するおおまかな情報はヒストグラムを見れば把握することができる．しかしながら，状況によってはこれらの情報を具体的な数値として知りたい場合もある．このような場合に用いられるのが平均や分散といったデータ全体を要約する**要約統計量** (summary statistic) である．

標本平均 (sample mean) とは一次元データ全体のおおまかな中心を定量化したものであり，離散時間信号 $\mathbf{x} = [\mathrm{x}_0, \ldots, \mathrm{x}_{N-1}]$ の標本平均は

$$\mathrm{m} = \frac{1}{N}\sum_{n=0}^{N-1} \mathrm{x}_n = \frac{\mathrm{x}_0 + \cdots + \mathrm{x}_{N-1}}{N} \tag{3.1}$$

で定義される．また，**標本分散** (sample variance) は一次元データ全体のおおまかな散らばり具合を定量化したものであり，離散時間信号 $\mathbf{x} = [\mathrm{x}_0, \ldots, \mathrm{x}_{N-1}]$ の標本分散は

$$\mathrm{v} = \frac{1}{N}\sum_{n=0}^{N-1} (\mathrm{x}_n - \mathrm{m})^2 \tag{3.2}$$

のように定義される．ここで，右辺にある m は標本平均であり，標本分散を計算する際には先に標本平均を計算しておく必要がある．

標本分散は二乗の値で計算されるため，値が大きくなりすぎたり小さくなりすぎる場合がある．この問題は平方根を用いることで修正することができ，標

本分散の平方根

$$\mathrm{s} = \sqrt{\mathrm{v}} = \sqrt{\frac{1}{N}\sum_{n=0}^{N-1}(\mathrm{x}_n - \mathrm{m})^2} \tag{3.3}$$

は**標本標準偏差** (sample standard variance) と呼ばれる．標本分散と同様に，標本標準偏差も一次元データ全体のおおまかな散らばり具合を定量化したものである．

例 3.3

一次元データ $\mathbf{x} = [\ 12.3,\ 10.5,\ 8.1,\ 5.1\ ]$ の標本平均と標本分散を計算する．

式 (3.1) から標本平均は

$$\mathrm{m} = \frac{12.3 + 10.5 + 8.1 + 5.1}{4} = 9$$

のように計算でき，式 (3.2) から標本分散は

$$\mathrm{v} = \frac{(12.3-9)^2 + (10.5-9)^2 + (8.1-9)^2 + (5.1-9)^2}{4} = 7.29$$

と計算できる．また，標本標準偏差は $\mathrm{s} = \sqrt{\mathrm{v}} = \sqrt{7.29} = 2.7$ である．

標本平均

一次元データ $\mathbf{x} = [\mathrm{x}_0, \ldots, \mathrm{x}_{N-1}]$ 全体のおおまかな中心を定量化したもの．

$$\mathrm{m} = \frac{1}{N}\sum_{n=0}^{N-1}\mathrm{x}_n$$

標本分散

一次元データ $\mathbf{x} = [\mathrm{x}_0, \ldots, \mathrm{x}_{N-1}]$ 全体のおおまかな散らばり具合を定量化したもの．

$$\mathrm{v} = \frac{1}{N}\sum_{n=0}^{N-1}(\mathrm{x}_n - \mathrm{m})^2$$

3.4　平均・分散とヒストグラムの関係

標本平均と標本分散（または標本標準偏差）を調べることで一次元データの各値がどのあたりを中心にどれくらい広がっているのかを定量的に把握することができる．ヒストグラムと標本平均・標本標準偏差の典型的な関係性を表す一例を図 **3.8** に与える．図の点線は標本平均 m の位置を表しており，両矢印は標本平均 m を中心とした ±v の範囲を表している．これらの図からわかるように，標本平均は一次元データ全体のおおまかな中心を表しており，中心から離れたところにデータが存在してヒストグラムが横に広がると，標本分散や標本標準偏差の値は大きくなる．

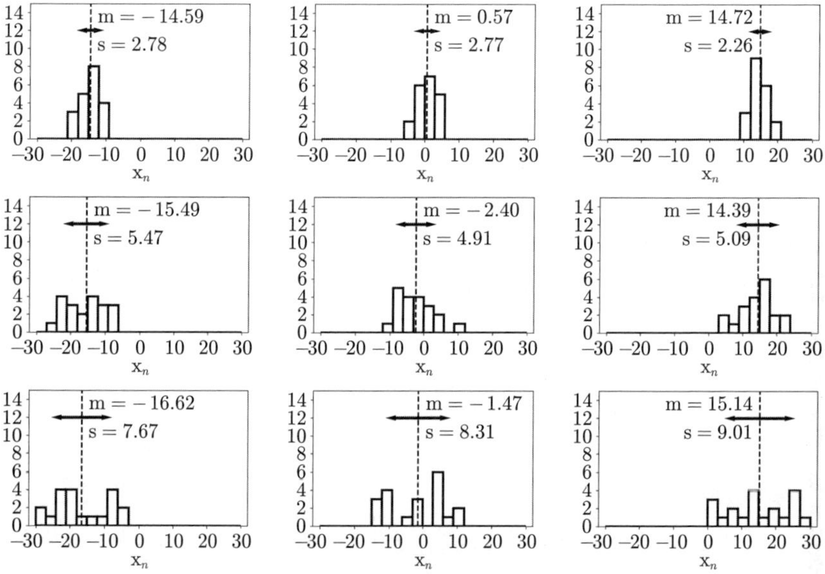

図 3.8　ヒストグラムと標本平均・標本標準偏差の関係

信号 A（図 3.1）と信号 B（図 3.2）のヒストグラムに各信号の標本平均と標本標準偏差を加えたものをそれぞれ**図 3.9** と**図 3.10** に与える．図 3.8 と同様に点線で標本平均の位置を表し，両矢印は標本平均 m を中心とした ±s の範囲である．このように，ヒストグラムに標本平均や標本標準偏差などの要約統計量を合わせることで，ヒストグラムから得られる不規則信号の情報を補強することができる．

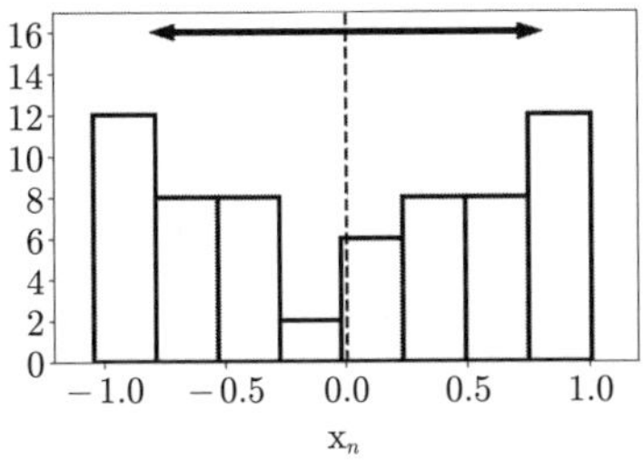

図 3.9　信号 A のヒストグラム

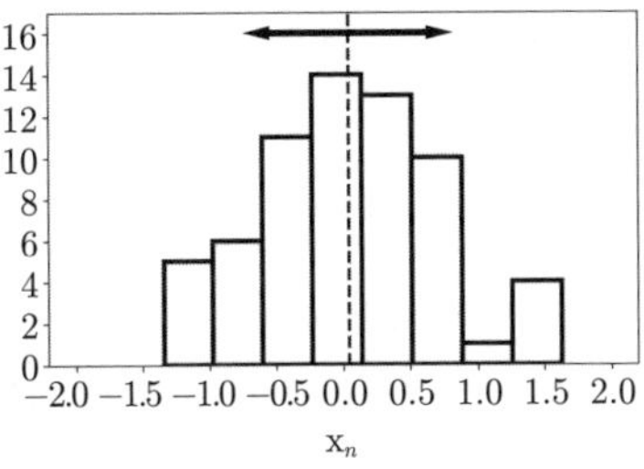

図 3.10　信号 B のヒストグラム

標本平均や標本分散によって定量化される情報はデータ全体の一側面であり，これらの統計量だけではデータ全体の状況を判断することはできない．ほぼ同じ標本平均・標本分散をもつ二つの一次元データのヒストグラムを**図 3.11** に与える．明らかに，この二つは性質のまったく異なる一次元データである．しかしながら，この二つの一次元データの標本平均と標本分散はほぼ同じであり，図 3.11 右側のようなデータ状況に対して標本平均と標本分散のみの情報から図 3.11 左側のようなデータ状況を想定してしまうのは危険である．図 3.11 右側

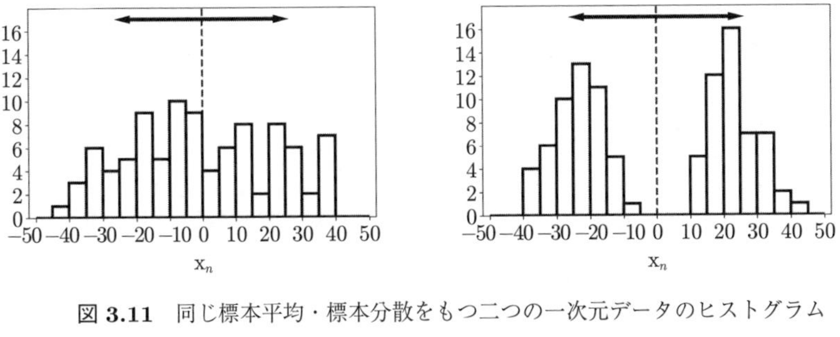

図 3.11　同じ標本平均・標本分散をもつ二つの一次元データのヒストグラム

のようなデータ状況では，右側の山と左側の山にデータを分けて分析するのが妥当であろう．

このように，標本平均や標本分散といった統計量はヒストグラムの内容を補強する補助的なものであり，これらの統計量だけではデータ全体の状況を判断することができないということには注意が必要である．

> **要約統計量とヒストグラムの関係**
>
> 標本平均と標本分散は，ヒストグラムの全体的な中心と広がり具合に対応している．
>
> 標本平均や標本分散といった要約統計量はヒストグラムの内容を補強するための補助的なものであり，要約統計量の値のみでは観測データの全体的な状況は把握できないことに注意する必要がある．

3.5 要約統計量と最小二乗法

標本平均や標本分散の計算法は，不規則信号 $\mathbf{x} = [\mathrm{x}_0, \ldots, \mathrm{x}_{N-1}]$ に対して

$$\overline{f}(\mathbf{x}) = \frac{1}{N} \sum_{n=0}^{N-1} f(\mathrm{x}_n) \tag{3.4}$$

のような形の計算を行うものであった．標本平均は $f(\mathrm{x}) = \mathrm{x}$ の場合であり，標本分散は $f(\mathrm{x}) = (\mathrm{x} - \mathrm{m})^2$ の場合である．この形の計算法は**最小二乗法** (method of least squares) と呼ばれる方法と密接な関係がある．最小二乗法では，ある値 α との二乗誤差 $(f(\mathrm{x}) - \alpha)^2$ を考え，各信号値 x_n での二乗誤差の和

$$E(\alpha) = \frac{1}{2} \sum_{n=0}^{N-1} (f(\mathrm{x}_n) - \alpha)^2 \tag{3.5}$$

を最小にする α の値を考える．$E(\alpha)$ の最小値では α での微分が 0 になるので

$$\frac{\mathrm{d}E}{\mathrm{d}\alpha} = -\sum_{n=0}^{N-1} (f(\mathrm{x}_n) - \alpha) = 0 \tag{3.6}$$

より，$E(\alpha)$ を最小にする α の値は

$$\alpha = \frac{1}{N}\sum_{n=0}^{N-1} f(\mathrm{x}_n) \tag{3.7}$$

で与えられる．すなわち，標本平均 m は二乗誤差

$$E_{\mathrm{m}}(\alpha) = \frac{1}{2}\sum_{n=0}^{N-1}(\mathrm{x}_n - \alpha)^2 \tag{3.8}$$

を最小にする α の値に対応しており，標本分散 v は二乗誤差

$$E_{\mathrm{v}}(\alpha) = \frac{1}{2}\sum_{n=0}^{N-1}((\mathrm{x}_n - \mathrm{m})^2 - \alpha)^2 \tag{3.9}$$

を最小にする α の値に対応しているものと考えることができる．

要約統計量と最小二乗法

標本平均と標本分散は観測データ全体での二乗和誤差を最小にする値として解釈することもできる．

3.6　集合平均と時間平均

これまでは，不規則信号 $\mathbf{x} = [\mathrm{x}_0, \ldots, \mathrm{x}_{N-1}]$ に対する要約法として式 (3.4) の $\overline{f}(\mathbf{x})$ のような計算法を考えてきた．この要約法は不規則信号の時間方向での定量化を考えたものであり，このような要約統計量の考え方は**時間平均** (time average) と呼ばれる．

不規則信号の処理では，$\mathbf{x}^{(0)}, \ldots, \mathbf{x}^{(M-1)}$ のように同一信号源に関する複数の信号が同時に得られる場合がある．このような場合には，同一時点 n に関する M 個の信号値を用いて

$$\widetilde{f}(x_n) = \frac{1}{M}\sum_{m=0}^{M-1} f\left(\mathrm{x}_n^{(m)}\right)$$

のような要約法を考えることもできる．この要約法は**集合平均** (ensemble average) と呼ばれ，集合平均の考え方に対してもこれまでのような標本平均や標本分散などの定量化を考えることができる（図 **3.12**).

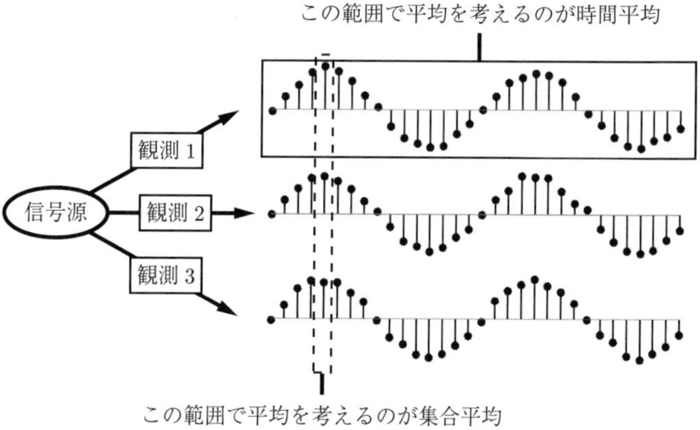

図 3.12　集合平均と時間平均の違い

例 3.4

つぎの四つの信号 $\mathbf{x}^{(0)}, \mathbf{x}^{(1)}, \mathbf{x}^{(2)}, \mathbf{x}^{(3)}$ に関して，集合平均の考え方で標本平均と標本分散を計算する．

$$\mathbf{x}^{(0)} = [\ 6.5,\ 6.7,\ 7.7,\ 6.3,\ 6.7\ ]$$

$$\mathbf{x}^{(1)} = [\ 4.9,\ 7.3,\ 6.1,\ 8.1,\ 4.9\ ]$$

$$\mathbf{x}^{(2)} = [\ 4.7,\ 7.5,\ 4.9,\ 8.7,\ 2.5\ ]$$

$$\mathbf{x}^{(3)} = [\ 7.9,\ 3.3,\ 9.7,\ 4.9,\ 9.9\ ]$$

時点 n での標本平均と標本分散を $\mathrm{m}_n, \mathrm{v}_n$ とする．各時点での標本平均を計算すると

$$\mathrm{m}_0 = \frac{6.5 + 4.9 + 4.7 + 7.9}{4} = 6$$

$$\mathrm{m}_1 = \frac{6.7 + 7.3 + 7.5 + 3.3}{4} = 6.2$$

$$\mathrm{m}_2 = \frac{7.7+6.1+4.9+9.7}{4} = 7.1$$

$$\mathrm{m}_3 = \frac{6.3+8.1+8.7+4.9}{4} = 7$$

$$\mathrm{m}_4 = \frac{6.7+4.9+2.5+9.9}{4} = 6$$

となる．これらの値を用いると標本分散はつぎのように計算される．

$$\mathrm{v}_0 = \frac{(6.5-6)^2+(4.9-6)^2+(4.7-6)^2+(7.9-6)^2}{4} = 1.69$$

$$\mathrm{v}_1 = \frac{(6.7-6.2)^2+(7.3-6.2)^2+(7.5-6.2)^2+(3.3-6.2)^2}{4}$$
$$= 2.89$$

$$\mathrm{v}_2 = \frac{(7.7-7.1)^2+(6.1-7.1)^2+(4.9-7.1)^2+(9.7-7.1)^2}{4}$$
$$= 3.24$$

$$\mathrm{v}_3 = \frac{(6.3-7)^2+(8.1-7)^2+(8.7-7)^2+(4.9-7)^2}{4} = 2.25$$

$$\mathrm{v}_4 = \frac{(6.7-6)^2+(4.9-6)^2+(2.5-6)^2+(9.9-6)^2}{4} = 7.29$$

時間平均

単一の不規則信号 $\mathbf{x}$ 全体を観測データとして要約統計量の計算を行ったもの．

集合平均

複数の不規則信号 $\mathbf{x}^{(0)}, \ldots, \mathbf{x}^{(M-1)}$ から同一時点の信号値を抜き出し，抜き出した信号値 $[\mathrm{x}_n^{(0)}, \ldots, \mathrm{x}_n^{(M-1)}]$ を観測データとして要約統計量の計算を行ったもの．

4 不規則信号の調査 2

4.1 散布図と相関関係

二つの不規則信号 $\mathbf{x} = [\mathrm{x}_0, \ldots, \mathrm{x}_{N-1}], \mathbf{y} = [\mathrm{y}_0, \ldots, \mathrm{y}_{N-1}]$ が得られたとき，それぞれの信号値の組

$$[(\mathrm{x}_0, \mathrm{y}_0), (\mathrm{x}_1, \mathrm{y}_1), (\mathrm{x}_2, \mathrm{y}_2), \ldots, (\mathrm{x}_{N-1}, \mathrm{y}_{N-1})]$$

は二次元データとして扱うことができる．**散布図** (scatter plot) とはこのような二次元データを可視化するための方法であり，信号 $\mathbf{x}, \mathbf{y}$ をそれぞれ横軸と縦軸として，各信号値の組 $(\mathrm{x}_n, \mathrm{y}_n)$ を二次元座標上の点としてプロットしたものである．

二つの信号を散布図として確認することで**相関関係** (correlation) という信号間の関係性を視覚的に把握できるようになる．相関関係とは二つのデータ間の直線的関係のことであり，**図 4.1** のように，散布図の見た目が右上がりの場合を**正の相関** (positive correlation)，**図 4.2** のように，散布図の見た目が左上がりの場合を**負の相関** (negative correlation) という．**図 4.3** のように，散布図が右上がりでも左上がりでもない場合は**無相関** (uncorrelated) という．また，散布図の見た目が直線に近くなるほど相関関係は強くなり，**図 4.4** の散布図のほうが図 4.1 の散布図よりも正の相関が強い．相関関係が最も強くなるのは片方の信号がもう片方の定数倍 ($\mathbf{y} = \alpha\mathbf{x}$) となるときであり，このときの散布図は完全に直線状になる．

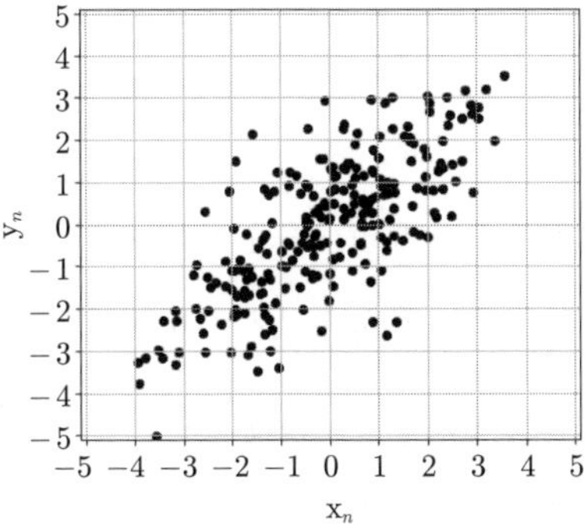

図 **4.1** 正の相関の散布図

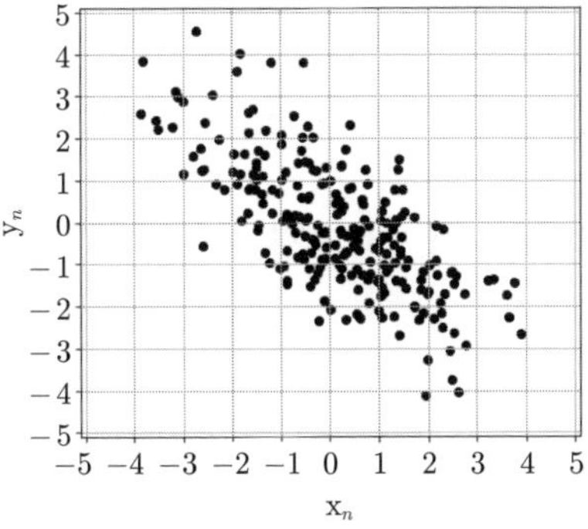

図 **4.2** 負の相関の散布図

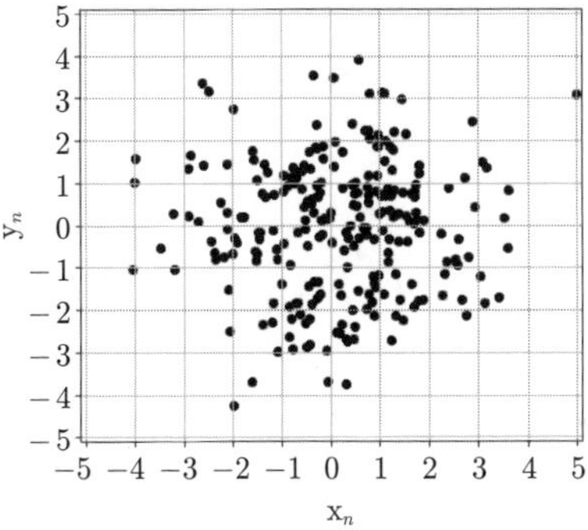

図 **4.3** 無相関の散布図

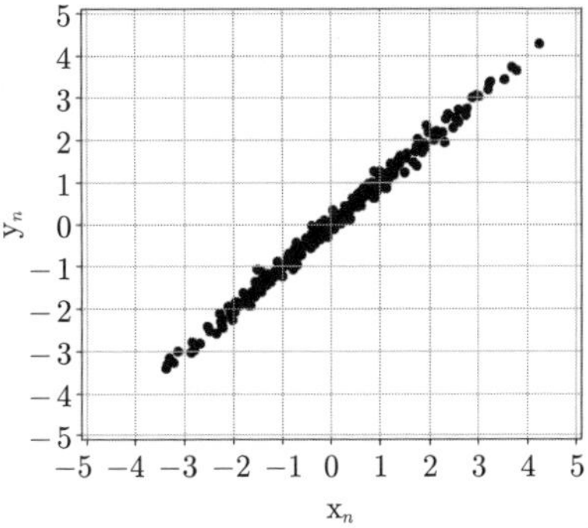

図 **4.4** 強い正の相関の散布図

散布図に正の相関があるということは，二つの信号の変化具合が同じような傾向にあるということを意味している．正の相関がある場合は，片方の値が正の方向に変化するともう片方の値も正の方向に変化しやすい傾向にあり，片方の値が負の方向に変化するともう片方の値も負の方向に変化しやすい傾向にある．散布図に負の相関がある場合はこの傾向が逆になり，片方の値が正の方向に変化するともう片方の値は負の方向に変化しやすい傾向にあり，片方の値が負の方向に変化するともう片方の値は正の方向に変化しやすい傾向にある．これらの傾向は相関関係が強くなるほどより顕著になる．

例 4.1

つぎの二つの信号 $\mathbf{s}, \mathbf{t}$ の散布図を作成する．

$$\mathbf{s} = [\ -0.9,\ 0.5,\ 0.2,\ 1.4,\ -1.2,\ 1.1,\ -0.6,\ -0.3,\ 0.0,\ 0.8\ ]$$

$$\mathbf{t} = [\ -0.6,\ 0.5,\ 0.2,\ 1.2,\ -1.1,\ 0.9,\ -0.5,\ -0.2,\ 0.0,\ 0.5\ ]$$

各時点 n でのそれぞれの信号値の組は次表のように整理できる．

n	0	1	2	3	4	5	6	7	8	9
s_n	−0.9	0.5	0.2	1.4	−1.2	1.1	−0.6	−0.3	0.0	0.8
t_n	−0.6	0.5	0.2	1.2	−1.1	0.9	−0.5	−0.2	0.0	0.5

各時点 n での信号値の組 $(\mathrm{s}_n, \mathrm{t}_n)$ を二次元座標上の点としてプロットするとつぎのような散布図が得られる．

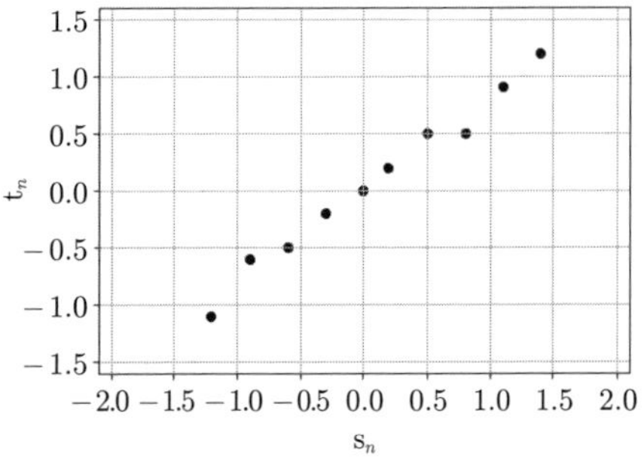

s と **t** の散布図

散布図

二次元データ $[(\mathrm{x}_0, \mathrm{y}_0), \ldots, (\mathrm{x}_{N-1}, \mathrm{y}_{N-1})]$ の各組を二次元座標上の点としてプロットしたもの．

相関関係

二次元データ内の直線的関係．正の相関があると散布図の見た目は右上がりになり，負の相関があると散布図の見た目は左上がりになる．

4.2 自 己 相 関

散布図は二つの信号の関係性を可視化する方法であったが，時間ずれを考慮することで一つの不規則信号 $\mathbf{x} = [\mathrm{x}_0, \ldots, \mathrm{x}_{N-1}]$ に対しても散布図を考えることができる．この場合は時間ずれ Δ を考慮して

$$[(\mathrm{x}_0, \mathrm{x}_\Delta), (\mathrm{x}_1, \mathrm{x}_{\Delta+1}), (\mathrm{x}_2, \mathrm{x}_{\Delta+2}), \ldots, (\mathrm{x}_{N-1-\Delta}, \mathrm{x}_{N-1})]$$

のように不規則信号の一次元データから二次元データを作成することになる．このような二次元データを考えることで自身を Δ だけずらした信号との関係性を調べることができ，この二次元データから得られる相関関係のことを**自己相関** (autocorrelation) という．

図 4.5 の不規則信号について考える．**図 4.6～4.9** は図 4.5 の不規則信号に関して時間ずれ $\Delta = 1, 2, 3, 4$ での散布図を作成したものである．これらの散布図を見ると，$\Delta = 1$ の場合では散布図が右上がりとなる正の自己相関が確認できるが，時間ずれが大きくなるにつれて散布図の右上がり傾向がだんだんと弱くなっており，$\Delta = 4$ の場合では散布図の右上がり傾向は見られなくなっている．

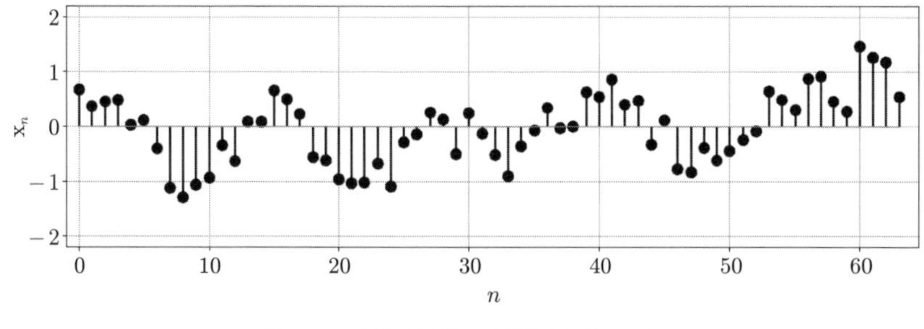

図 4.5 不規則信号の時間領域プロット

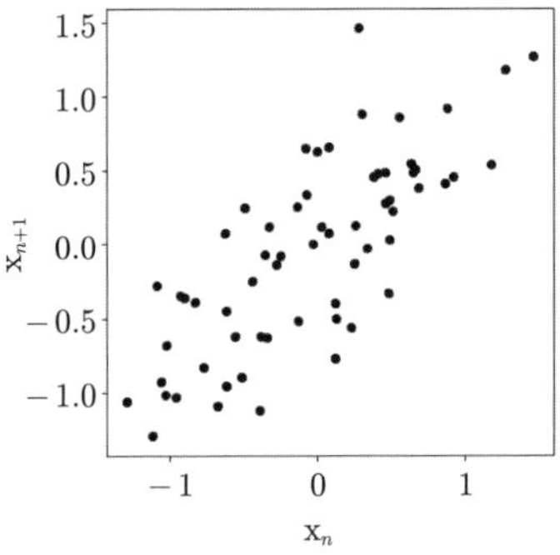

図 **4.6**　$\Delta = 1$ の散布図

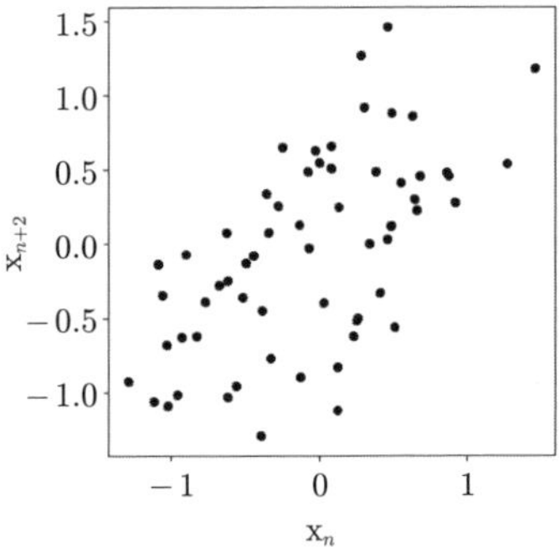

図 **4.7**　$\Delta = 2$ の散布図

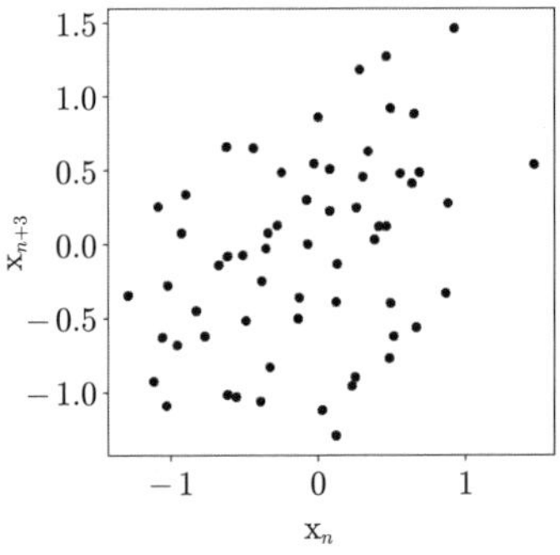

図 **4.8**　$\Delta = 3$ の散布図

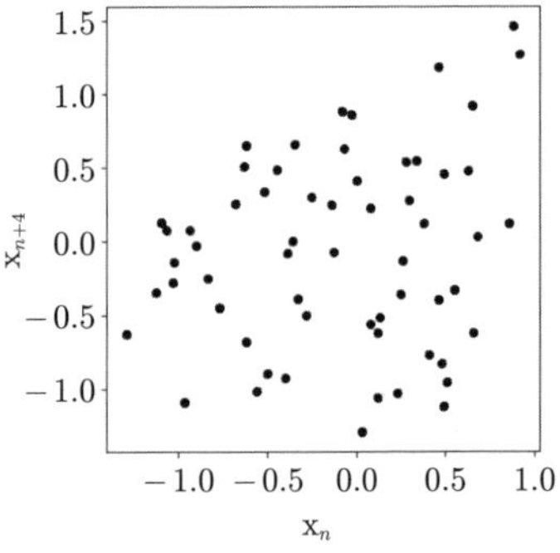

図 **4.9**　$\Delta = 4$ の散布図

自己相関

一次元データ $\mathbf{x} = [\mathrm{x}_0, \ldots, \mathrm{x}_{N-1}]$ から時間ずれ Δ を考慮して作り出した二次元データ $[(\mathrm{x}_0, \mathrm{x}_\Delta), \ldots, (\mathrm{x}_{N-1-\Delta}, \mathrm{x}_{N-1})]$ の相関関係．

4.3　共分散と相関係数

一次元データでの平均や分散と同じように，散布図から得られる情報も具体的な数値として表すことができる．二次元データに関する代表的な要約法は共分散と相関係数の二つである．**標本共分散** (sample covariance) とは二次元データ全体のおおまかな散らばり具合を定量化したものであり，不規則信号

$\mathbf{x} = [\mathrm{x}_0, \ldots, \mathrm{x}_{N-1}]$ と $\mathbf{y} = [\mathrm{y}_0, \ldots, \mathrm{y}_{N-1}]$ の標本共分散は

$$\mathrm{c_{xy}} = \frac{1}{N} \sum_{n=0}^{N-1} (\mathrm{x}_n - \mathrm{m_x})(\mathrm{y}_n - \mathrm{m_y}) \tag{4.1}$$

で定義される．ここで，$\mathrm{m_x}$ は不規則信号 $\mathbf{x}$ の標本平均であり，$\mathrm{m_y}$ は不規則信号 $\mathbf{y}$ の標本平均である．標本共分散は散布図の斜め方向の散らばり具合を定量化したものであり，$\mathrm{c_{xy}} > 0$ であれば正の相関，$\mathrm{c_{xy}} < 0$ であれば負の相関，$\mathrm{c_{xy}} \fallingdotseq 0$ であれば無相関にそれぞれ対応している．また，標本共分散 $\mathrm{c_{xy}}$ と各信号の標本標準偏差 $\mathrm{s_x}, \mathrm{s_y}$ の間には

$$-s_\mathrm{x} s_\mathrm{y} \leqq c_\mathrm{xy} \leqq s_\mathrm{x} s_\mathrm{y} \tag{4.2}$$

の関係が成り立つ．

標本共分散の値はデータ $\mathbf{x}, \mathbf{y}$ の測定単位に強く依存しており，データの単位を変更すると標本共分散の値も変化してしまう．標本共分散から測定単位の影響を取り除いたものが**標本相関係数** (sample correlation) と呼ばれるものであり，標本相関係数は

$$\mathrm{r_{xy}} = \frac{\mathrm{c_{xy}}}{\mathrm{s_x s_y}} \tag{4.3}$$

で定義される．$\mathrm{s_x}, \mathrm{s_y}$ はそれぞれデータ $\mathbf{x}, \mathbf{y}$ の標本標準偏差である．式 (4.2) の不等式から，標本相関係数はつねに $-1 \leqq \mathrm{r_{xy}} \leqq 1$ の範囲にある．また，標本共分散と同様に，$\mathrm{r_{xy}} > 0$ の場合は正の相関，$\mathrm{r_{xy}} < 0$ の場合は負の相関，$\mathrm{r_{xy}} \fallingdotseq 0$ の場合は無相関にそれぞれ対応している．

例 4.2

つぎの二つの信号 $\mathbf{x}, \mathbf{y}$ の標本共分散と標本相関係数を計算する．

$$\mathbf{x} = [\ 9.1,\ 8.9,\ 9.7,\ 8.3\ ]$$

$$\mathbf{y} = [\ 7.9,\ 10.5,\ 10.3,\ 3.3\ ]$$

式 (3.1) と式 (3.2) から，信号 $\mathbf{x}, \mathbf{y}$ の標本平均と標本分散は

$$\mathrm{m_x} = 9, \quad \mathrm{m_y} = 8, \quad \mathrm{v_x} = 0.25, \quad \mathrm{v_y} = 8.41$$

となる．よって，式 (4.1) から標本共分散は

$$\mathrm{c_{xy}} = \frac{1}{4}\Big((9.1-9)(7.9-8) + (8.9-9)(10.5-8) + (9.7-9)(10.3-8) + (8.3-9)(3.3-8)\Big) = 1.16$$

のように計算でき，式 (4.3) から標本相関係数は

$$\mathrm{r_{xy}} = \frac{1.16}{\sqrt{0.25}\sqrt{8.41}} = \frac{1.16}{0.5 \times 2.9} = 0.8$$

のように計算できる．

標本共分散

二次元データ $[(\mathrm{x}_0, \mathrm{y}_0), \ldots, (\mathrm{x}_{N-1}, \mathrm{y}_{N-1})]$ の散布図の斜め方向の散らばり具合を定量化したもの．

$$\mathrm{c_{xy}} = \frac{1}{N}\sum_{n=0}^{N-1}(\mathrm{x}_n - \mathrm{m_x})(\mathrm{y}_n - \mathrm{m_y})$$

標本相関係数

標本共分散から測定単位の影響を取り除いたもの．

$$\mathrm{r_{xy}} = \frac{\mathrm{c_{xy}}}{\mathrm{s_x s_y}} = \frac{\mathrm{c_{xy}}}{\sqrt{\mathrm{v_x}}\sqrt{\mathrm{v_y}}} \qquad (-1 \leqq \mathrm{r_{xy}} \leqq 1)$$

4.4　共分散・相関係数と散布図の関係

標本共分散・標本相関係数の値に対応する典型的な散布図の状況を図 **4.10** に

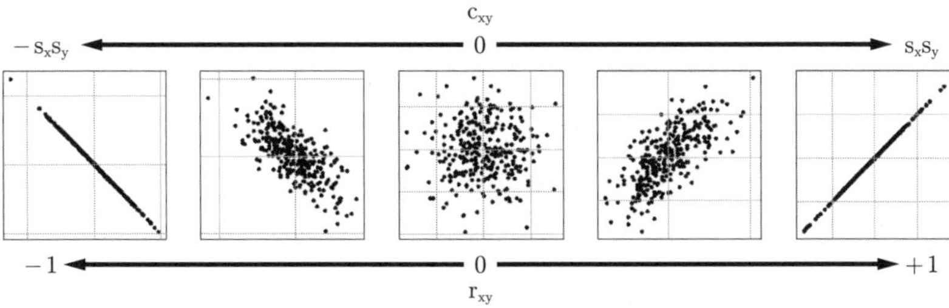

図 4.10 散布図と標本共分散・標本相関係数の関係

表す．このように，標本共分散・標本相関係数は散布図の斜め方向の散らばり具合を表しており，$|c_{xy}|, |r_{xy}|$ の値が大きくなるほど斜め方向に目立って散らばるようになり，最終的には直線状の散布図となる．逆に，$|c_{xy}|, |r_{xy}|$ の値が小さくなると斜め方向と垂直な方向にも散らばるようになり，最終的には等方的に広がる散布図となる．c_{xy}, r_{xy} の符号はどちらの斜め方向に散らばっているのかを表しており，符号が正であれば左下から右上への斜め方向に，符号が負であれば左上から右下への斜め方向に散らばった散布図となっている．

また，散布図と各統計量との典型的な対応関係を**図 4.11** に表す．点線は信号 $\mathbf{x}, \mathbf{y}$ の標本平均 m_x, m_y の位置をそれぞれ表しており，縦横の矢印は標本平均を中心とした $\pm s_x$ または $\pm s_y$ の範囲を表している．斜め方向の矢印は $\pm c_{xy}$

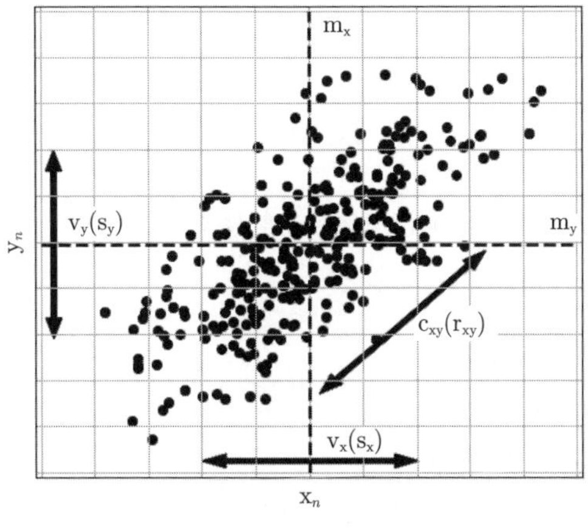

図 4.11 散布図と各統計量との関係

の範囲に対応している．このように，二次元データにおいては，標本平均と標本分散は散布図の縦方向と横方向に関するおおまかな中心と散らばり具合を表しており，標本共分散は散布図の斜め方向に関する散らばり具合に対応している．標本共分散や標本相関係数の絶対値が大きくなるほど，散布図は斜め方向に目立って散らばるものとなる．この散布図と各統計量の対応関係はあくまで典型的なものであり，要約統計量の値のみではデータ全体の正確な状況は把握できないことには注意が必要である．要約統計量によって定量化される情報はデータ全体の一側面にすぎない．

要約統計量と散布図の関係

標本平均や標本分散・標本共分散といった要約統計量は，散布図の全体的な中心と広がり具合に対応している．

要約統計量は散布図の内容を補強するための補助的なものであり，要約統計量の値のみでは観測データの全体的な状況は把握できないことに注意する必要がある．

4.5 自己共分散と自己相関

不規則信号 $\mathbf{x} = [\mathrm{x}_0, \ldots, \mathrm{x}_{N-1}]$ に時間ずれ Δ を考慮した二次元データ

$$[(\mathrm{x}_0, \mathrm{x}_\Delta), (\mathrm{x}_1, \mathrm{x}_{\Delta+1}), (\mathrm{x}_2, \mathrm{x}_{\Delta+2}), \ldots, (\mathrm{x}_{N-1-\Delta}, \mathrm{x}_{N-1})]$$

に対しても標本共分散と標本相関係数を計算することができる．この場合の標本共分散は定義どおりに計算すると

$$\mathrm{c}_\Delta = \frac{1}{N-\Delta} \sum_{n=0}^{N-1-\Delta} (\mathrm{x}_n - \mathrm{m}_0)(\mathrm{x}_{n+\Delta} - \mathrm{m}_\Delta) \tag{4.4}$$

$$\mathrm{m}_0 = \frac{1}{N-\Delta} \sum_{n=0}^{N-1-\Delta} \mathrm{x}_n \tag{4.5}$$

$$\mathrm{m}_\Delta = \frac{1}{N-\Delta}\sum_{n=\Delta}^{N-1}\mathrm{x}_n \tag{4.6}$$

となり，標本相関係数は

$$\mathrm{r}_\Delta = \frac{\mathrm{c}_\Delta}{\sqrt{\mathrm{v}_0}\sqrt{\mathrm{v}_\Delta}} \tag{4.7}$$

$$\mathrm{v}_0 = \frac{1}{N-\Delta}\sum_{n=0}^{N-1-\Delta}(\mathrm{x}_n - \mathrm{m}_0)^2 \tag{4.8}$$

$$\mathrm{v}_\Delta = \frac{1}{N-\Delta}\sum_{n=\Delta}^{N-1}(\mathrm{x}_n - \mathrm{m}_\Delta)^2 \tag{4.9}$$

となる．しかしながら，実際に時間ずれ Δ を考慮した二次元データに対して標本共分散と標本相関係数を考える場合には，$\mathbf{x}$ の標本平均と標本分散

$$\mathrm{m} = \frac{1}{N}\sum_{n=0}^{N-1}\mathrm{x}_n, \quad \mathrm{v} = \frac{1}{N}\sum_{n=0}^{N-1}(\mathrm{x}_n - \mathrm{m})^2$$

を用いて

$$\mathrm{m} = \mathrm{m}_0 = \mathrm{m}_\Delta, \quad \mathrm{v} = \mathrm{v}_0 = \mathrm{v}_\Delta \tag{4.10}$$

であることを仮定する場合が多い．この仮定を用いると，標本共分散と標本相関係数はそれぞれ

$$\mathrm{c}_\Delta = \frac{1}{N}\sum_{n=0}^{N-1-\Delta}(\mathrm{x}_n - \mathrm{m})(\mathrm{x}_{n+\Delta} - \mathrm{m}) \tag{4.11}$$

$$\mathrm{r}_\Delta = \frac{\mathrm{c}_\Delta}{\sqrt{\mathrm{v}}\sqrt{\mathrm{v}}} = \frac{\mathrm{c}_\Delta}{\mathrm{v}} \tag{4.12}$$

のように表すことができる．ここで，標本共分散の分母も $N-\Delta$ から N に置き換えている．式 (4.11) の c_Δ は時間ずれ Δ での**標本自己共分散** (sample autocovariance) と呼ばれ，式 (4.12) の r_Δ は時間ずれ Δ での**標本自己相関** (sample autocorrelation) と呼ばれる．

標本自己相関から作り出される離散時間信号 $\mathbf{r} = [\mathrm{r}_0, \ldots, \mathrm{r}_{N-1}]$ の時間領域プロットは**コレログラム** (correlogram) と呼ばれ，各時間ずれ $\Delta = 0, \ldots, N-1$

によって作られた二次元データの標本相関係数を可視化したものである．例えば，**図 4.12** は図 4.5 の不規則信号のコレログラムである．図 4.12 を見ると，信号 B の標本自己相関は $\Delta = 1, 2, 3$ でだんだんと減少ししていき，$\Delta = 4$ 以降では ± 0.3 の範囲を上下していることがわかる．

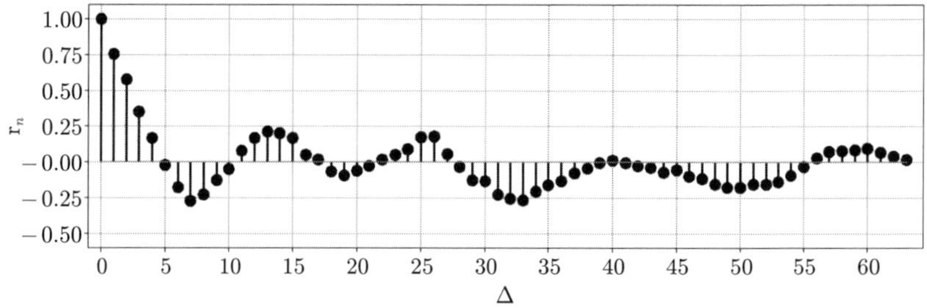

図 4.12　コレログラムの例

例 4.3

つぎの離散時間信号 $\mathbf{x}$ に関して，時間ずれ $\Delta = 1, 2$ での標本自己共分散と標本自己相関を計算する．

$$\mathbf{x} = [\ 9.5,\ 8.3,\ 7.1,\ 8.2,\ 10.9,\ 10\ ]$$

信号 $\mathbf{x}$ の標本平均と標本分散は

$$\mathrm{m} = 9, \quad \mathrm{v} = 1.6$$

であるので，式 (4.11) から，$\Delta = 1, 2$ での標本自己共分散はそれぞれ

$$\mathrm{c}_1 = \frac{1}{6}\Big((9.5-9)(8.3-9) + (8.3-9)(7.1-9) + (7.1-9)(8.2-9) + (8.2-9)(10.9-9) + (10.9-9)(10-9)\Big) = 0.48$$

$$\mathrm{c}_2 = \frac{1}{6}\Big((9.5-9)(7.1-9) + (8.3-9)(8.2-9) + (7.1-9)(10.9-9) + (8.2-9)(10-9)\Big) = -0.8$$

のように計算できる．また，式 (4.12) から標本自己相関は $\mathrm{r}_1 = \mathrm{c}_1/\mathrm{v} =$

$0.3, r_2 = c_2/v = -0.5$ となる．

標本自己共分散

不規則信号 $\mathbf{x}$ から時間ずれ Δ を考慮して二次元データを作成し，この二次元データで標本共分散を計算したもの．

標本自己相関

時間ずれ Δ を考慮した二次元データで標本相関係数を計算したもの．

4.6 アンスコムの数値例

3.4 節と 4.4 節では，要約統計量のみではデータ全体の状況は判断できないことを説明した．本節では，二次元データに関してこの事実を示した**アンスコムの数値例** (Anscombe's quartet) を紹介する．

アンスコムの数値例とは，**表 4.1**〜**4.4** で与えられる I, II, III, IV の 4 種類

表 4.1 アンスコムの数値例 I

x	10.0	8.0	13.0	9.0	11.0	14.0	6.0	4.0	12.0	7.0	5.0
y	8.04	6.95	7.58	8.81	8.33	9.96	7.24	4.26	10.84	4.82	5.68

表 4.2 アンスコムの数値例 II

x	10.0	8.0	13.0	9.0	11.0	14.0	6.0	4.0	12.0	7.0	5.0
y	9.14	8.14	8.74	8.77	9.26	8.10	6.13	3.10	9.13	7.26	4.74

表 4.3 アンスコムの数値例 III

x	10.0	8.0	13.0	9.0	11.0	14.0	6.0	4.0	12.0	7.0	5.0
y	7.46	6.77	12.74	7.11	7.81	8.84	6.08	5.39	8.15	6.42	5.73

表 4.4 アンスコムの数値例 IV

x	8.0	8.0	8.0	8.0	8.0	8.0	8.0	19.0	8.0	8.0	8.0
y	6.58	5.76	7.71	8.84	8.47	7.04	5.25	12.50	5.56	7.91	6.89

の二次元データである．これらの二次元データを散布図として可視化すると**図 4.13**～**4.16** のようになる．これらの図から明らかなように，アンスコムの四つの数値例はそれぞれ性質がまったく異なる二次元データである．しかしながら，これら四つの数値例に対して標本平均や標本分散などの要約統計量を計算すると**表 4.5** のような計算結果が得られる．表 4.5 では割り切れない要約統計量は小数点第 4 位までを表示している．このように，アンスコムの四つの数値

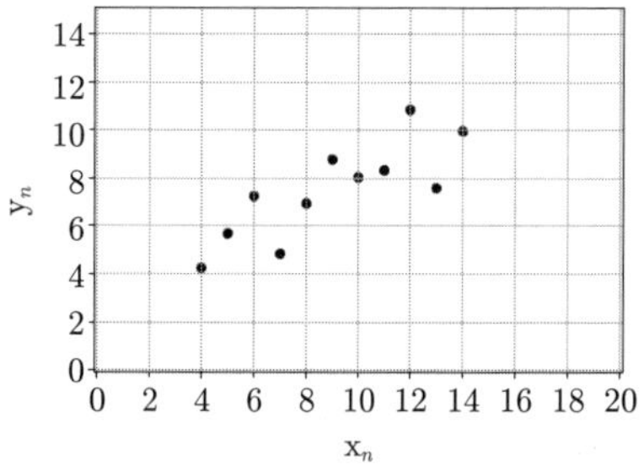

図 4.13　数値例 I の散布図

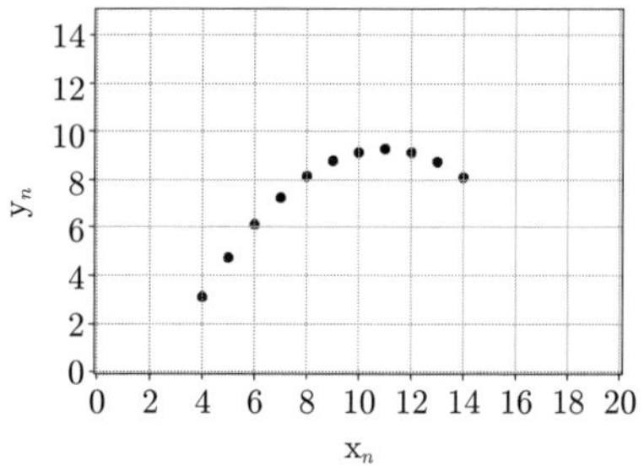

図 4.14　数値例 II の散布図

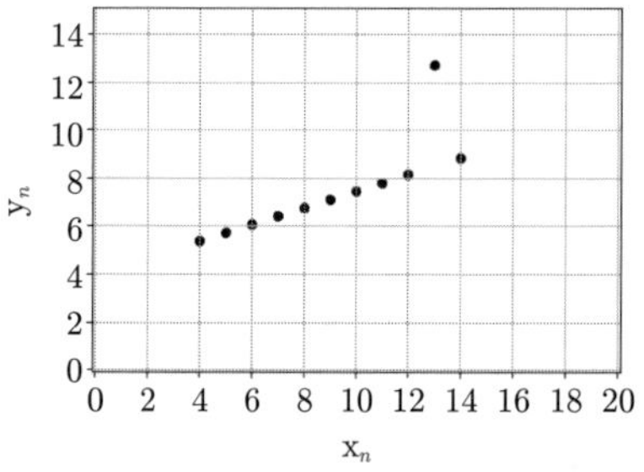

図 4.15　数値例 III の散布図

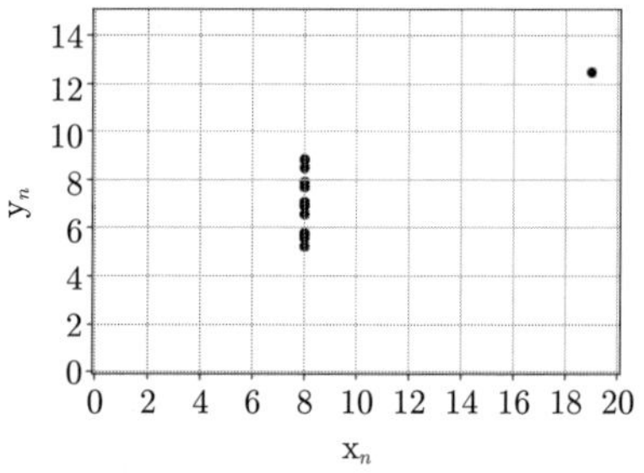

図 4.16　数値例 IV の散布図

表 4.5　アンスコムの数値例に関する各要約量

要約量	数値例 I	数値例 II	数値例 III	数値例 IV
x の標本平均	9	9	9	9
y の標本平均	7.500 9	7.500 9	7.5	7.500 9
x の標本分散	10	10	10	10
y の標本分散	3.752 0	3.752 3	3.747 8	3.748 4
標本共分散	5.000 9	5	4.997 2	4.999 0
標本相関係数	0.816 4	0.816 2	0.816 2	0.816 5

例は散布図の見た目がまったく異なるにもかかわらず，標本平均や標本分散などの各種統計量の値はほとんど同じになるのである．

アンスコムの数値例は，データを調査する際には可視化での確認が重要であることを示している．標本平均や標本分散などの要約統計量は全体的な性質がまったく異なるデータに対しても似たような値を算出してしまうことがあるため，要約統計量のみを使用してデータ分析を行うと間違った結論を下してしまう危険性があるのである．データを正しく調査するためには可視化での確認が重要であり，標本平均や標本分散などの要約統計量は可視化結果から得られる情報を補強するためのあくまで補助的なものなのである．

アンスコムの数値例

データを可視化することの重要性を示した 4 種類の二次元データ．各二次元データの散布図はまったく異なるにもかかわらず，各二次元データの要約統計量はほとんど同じ値を示す．

5 確率分布

5.1 確率的モデリング

不規則信号を対象とした信号処理が難しくなる要因の一つは，時点 n での信号値 x_n の値が確定的でないこと，すなわち x_n の値に「不確かさ」が存在することである．このような「不確かさ」をもつ対象を扱うための一つの方法は，対象を**確率分布** (probability distribution) として設計してしまうことである．確率分布とは，直感的には，不規則な数値を生成することができる数学的な関数である．確率分布から生成される不規則な数値は**乱数** (random number) と呼ばれる．不規則信号を確率分布から生成された乱数列とみなすことで，「不確かさ」をもつ不規則信号を数理的に扱うことが可能になる．「不確かさ」をもつ対象を確率分布として設計し，設計した確率分布に基づいて問題の解決を目指すアプローチのことを**確率的モデリング** (probabilistic modeling) という．

興味をもつ対象に「不確かさ」があるということは，その対象がさまざまな値をとる可能性があり，一つの値として確定しないということである．このような場合には，興味ある対象を変数として表現し，その変数の値として対象が実際にとる値を表現したほうが扱いやすい．確率的モデリングでは，この興味のある対象を表す変数のことを**確率変数** (random variable) といい，確率変数がとりうる値のことを確率変数の**実現値** (realization) という．不規則信号の信号処理では処理対象となる不規則信号を確率変数 $\boldsymbol{x} = [x_0, \ldots, x_{N-1}]$ として表現し，実際に得られた信号値やとりうる可能性のある信号値のことを実現値

$\mathbf{x} = [\mathrm{x}_0, \ldots, \mathrm{x}_{N-1}]$ として扱っていく．以後，観測された値 $\mathbf{x}$ が確率変数 $\boldsymbol{x}$ の実現値であることを $\boldsymbol{x} = \mathbf{x}$ と表記する．

確率的モデリングの方法では，「不確かさ」をもつ対象をどのように確率分布として設計するかが重要であり，問題解決のために設計された確率分布のことを特に**確率モデル** (probability model) という．確率分布 $p(\boldsymbol{x})$ は確率変数 $\boldsymbol{x}$ に関する関数であり，その関数値 $p(\boldsymbol{x} = \mathbf{x})$ の値が実現値 $\mathbf{x}$ の生成されやすさに関係している．また，本書では，実現値 $\boldsymbol{x} = \mathbf{x}$ が確率分布 $p(\boldsymbol{x})$ から生成された乱数であることを

$$\mathbf{x} \sim p(\boldsymbol{x}) \tag{5.1}$$

のように表記する．

確率的モデリング

「不確かさ」をもつ対象を確率分布として設計することで問題解決を目指すアプローチ．

確率分布

不規則な数値 $\mathbf{x}$ を生成することができる数学的な関数 $p(\boldsymbol{x})$．

5.2 確率質量関数と確率密度関数

基本的な確率分布は実現値 $\mathbf{x}$ の各要素 x_n が $-1, 0, 1, 2$ などのような離散値となる場合と連続値（実数値）となる場合で，**確率質量関数** (probability mass function) と**確率密度関数** (probability density function) の 2 種類に分類される．確率質量関数と確率密度関数はそれぞれつぎのように定義される．

確率質量関数

N 次元確率変数 $\boldsymbol{x} = [x_0, \ldots, x_{N-1}]$ の各要素 x_n が実現値として離散値をとるとする．このとき，つぎの 2 条件を満たす関数 $p(\boldsymbol{x})$ を確率質量関数

という．

(1) $p(\boldsymbol{x}) \geqq 0$

(2) $\displaystyle\sum_{\boldsymbol{x}} p(\boldsymbol{x}) = \sum_{x_0} \cdots \sum_{x_{N-1}} p(\boldsymbol{x}) = 1$

※ $\displaystyle\sum_{\boldsymbol{x}}$ は $\boldsymbol{x}$ の実現値全体での総和を意味している．

確率密度関数

N 次元確率変数 $\boldsymbol{x} = [x_0, \ldots, x_{N-1}]$ の各要素 x_n が実現値として連続値をとるとする．このとき，つぎの 2 条件を満たす関数 $p(\boldsymbol{x})$ を確率密度関数という．

(1) $p(\boldsymbol{x}) \geqq 0$

(2) $\displaystyle\int p(\boldsymbol{x})\,\mathrm{d}\boldsymbol{x} = \int \cdots \int p(\boldsymbol{x})\,\mathrm{d}x_0 \cdots \mathrm{d}x_{N-1} = 1$

※ $\displaystyle\int \mathrm{d}\boldsymbol{x}$ は $\boldsymbol{x}$ の実現値全体での積分を意味している．

確率質量関数と確率密度関数の定義を見ると，確率分布 $p(\boldsymbol{x})$ はある関数 $\Psi(\boldsymbol{x}) \geqq 0$ を用いて

$$p(\boldsymbol{x}) = \frac{1}{Z}\Psi(\boldsymbol{x}) \tag{5.2}$$

のように表せることがわかる．ここで，Z は**規格化定数** (normalizing constant) と呼ばれ

$$Z = \begin{cases} \displaystyle\sum_{\boldsymbol{x}} \Psi(\boldsymbol{x}) & \text{（確率質量関数の場合）} \\ \displaystyle\int \Psi(\boldsymbol{x})\,\mathrm{d}\boldsymbol{x} & \text{（確率密度関数の場合）} \end{cases} \tag{5.3}$$

で定義される．本書では，確率分布 $p(\boldsymbol{x})$ が式 (5.2) のように表せることを

$$p(\boldsymbol{x}) \propto \Psi(\boldsymbol{x}) \tag{5.4}$$

のように表記することにする．

確率分布 $p(\boldsymbol{x})$ が確率質量関数であるか確率密度関数であるかは，確率変数 $\boldsymbol{x}$ の実現値 $\mathbf{x}$ が離散値であるか連続値であるかによって区別される．しかしながら，現実的な応用では一部の確率変数が離散値をとり，その他の確率変数が連続値をとるような確率分布が必要となる場合もある．このような確率分布は確率質量関数と確率密度関数を組み合わせることで構築することができ，離散値をとる確率変数 $\boldsymbol{x}$ と連続値をとる確率変数 $\boldsymbol{y}$ の両方の確率変数をもつ確率分布 $p(\boldsymbol{x}, \boldsymbol{y})$ は

$$p(\boldsymbol{x}, \boldsymbol{y}) \geqq 0, \qquad \sum_{\boldsymbol{x}} \int p(\boldsymbol{x}, \boldsymbol{y})\, \mathrm{d}\boldsymbol{y} = 1$$

の二つの性質を満たす関数である．

確率質量関数

確率変数 $\boldsymbol{x}$ の実現値が離散値であるような確率分布 $p(\boldsymbol{x})$．この確率分布 $p(\boldsymbol{x})$ はつぎの二つの性質を満たす関数である．

$$p(\boldsymbol{x}) \geqq 0, \qquad \sum_{\boldsymbol{x}} p(\boldsymbol{x}) = 1$$

確率密度関数

確率変数 $\boldsymbol{x}$ の実現値が連続値であるような確率分布 $p(\boldsymbol{x})$．この確率分布 $p(\boldsymbol{x})$ はつぎの二つの性質を満たす関数である．

$$p(\boldsymbol{x}) \geqq 0, \qquad \int p(\boldsymbol{x})\, \mathrm{d}\boldsymbol{x} = 1$$

5.3 確率分布の扱い方

確率分布はその扱い方がほとんど決まっているため，確率的モデリングの方法では，興味ある対象の確率モデルを設計することができればどのような問題でも同じように取り組むことができる．基本的な確率分布の操作方法は和の規則と積の規則の二つである．

二つの確率変数 $\boldsymbol{x}, \boldsymbol{y}$ を考える．この二つの確率変数に関する確率分布 $p(\boldsymbol{x}, \boldsymbol{y})$ を $\boldsymbol{x}$ と $\boldsymbol{y}$ の**結合分布** (joint distribution) という．一方の変数 $\boldsymbol{x}$ に関する確率分布 $p(\boldsymbol{x})$ と二つの変数に関する結合分布 $p(\boldsymbol{x}, \boldsymbol{y})$ はつぎの計算規則を通して関係しており，本書では，この計算規則を**和の規則** (sum rule) という．

和の規則：

- $\boldsymbol{y}$ の実現値が離散値の場合

$$p(\boldsymbol{x}) = \sum_{\boldsymbol{y}} (\boldsymbol{x}, \boldsymbol{y})$$

- $\boldsymbol{y}$ の実現値が連続値の場合

$$p(\boldsymbol{x}) = \int (\boldsymbol{x}, \boldsymbol{y}) \, \mathrm{d}\boldsymbol{y}$$

和の規則を用いて片方の確率変数を取り除くことは**周辺化** (marginalization) と呼ばれ，周辺化によって得られる確率分布 $p(\boldsymbol{x})$ のことを**周辺分布** (marginal distribution) という．確率分布の規格化性や和の規則での違いを比較するとわかるように，確率変数 $\boldsymbol{x}$ が離散値をとるか連続値をとるかによる確率分布の扱い方の違いは総和 $\sum_{\boldsymbol{x}}$ をとるか積分 $\int \mathrm{d}\boldsymbol{x}$ をとるかの違いである．そのため，これ以降では確率分布の扱い方については積分の表記を用いていく．確率変数の実現値が離散値となる場合には，該当する確率変数の積分部分を総和の計算に置き換えていただきたい．

結合分布 $p(\boldsymbol{x}, \boldsymbol{y})$ と周辺分布 $p(\boldsymbol{y})$ に関して，$p(\boldsymbol{x}, \boldsymbol{y})/p(\boldsymbol{y})$ は

$$\frac{p(\boldsymbol{x}, \boldsymbol{y})}{p(\boldsymbol{y})} \geqq 0, \qquad \int \frac{p(\boldsymbol{x}, \boldsymbol{y})}{p(\boldsymbol{y})} \, \mathrm{d}\boldsymbol{x} = \frac{p(\boldsymbol{y})}{p(\boldsymbol{y})} = 1$$

の 2 条件を満たすため確率変数 $\boldsymbol{x}$ に関する確率分布として見ることができる．この確率分布を $\boldsymbol{y}$ が与えられたもとでの $\boldsymbol{x}$ の**条件付き分布** (conditional distribution) と呼び

$$p(\boldsymbol{x}|\boldsymbol{y}) = \frac{p(\boldsymbol{x}, \boldsymbol{y})}{p(\boldsymbol{y})} \tag{5.5}$$

のように定義する．条件付き分布は確率変数 $\boldsymbol{x}$ に関する確率分布であるが，$\boldsymbol{x}, \boldsymbol{y}$ の二つの変数に関する関数である．条件付き分布の定義から結合分布は条件付き分布と周辺分布の積に分解できることがわかる．本書では，この計算規則を**積の規則** (product rule) ということにする．

積の規則

$$p(\boldsymbol{x}, \boldsymbol{y}) = p(\boldsymbol{x}|\boldsymbol{y})p(\boldsymbol{y}) = p(\boldsymbol{y}|\boldsymbol{x})p(\boldsymbol{x})$$

条件付き分布 $p(\boldsymbol{x}|\boldsymbol{y})$ は $\boldsymbol{x}, \boldsymbol{y}$ の二つの変数に関する関数であるが，場合によっては $\boldsymbol{x}$ のみの関数となる可能性もある．すなわち

$$p(\boldsymbol{x}|\boldsymbol{y}) = p(\boldsymbol{x}) \tag{5.6}$$

となる場合である．このとき，二つの確率変数 $\boldsymbol{x}, \boldsymbol{y}$ は互いに**独立** (independence) であるという．二つの確率変数 $\boldsymbol{x}, \boldsymbol{y}$ が互いに独立であるとき，積の規則は

$$p(\boldsymbol{x}, \boldsymbol{y}) = p(\boldsymbol{x})p(\boldsymbol{y}) \tag{5.7}$$

のように表される．

和の規則と積の規則を組み合わせることで，条件付き分布に関する関係式

$$p(\boldsymbol{x}|\boldsymbol{y}) = \frac{p(\boldsymbol{x}, \boldsymbol{y})}{p(\boldsymbol{y})} = \frac{p(\boldsymbol{x}, \boldsymbol{y})}{\displaystyle\int p(\boldsymbol{x}, \boldsymbol{y})\,\mathrm{d}\boldsymbol{x}} = \frac{p(\boldsymbol{y}|\boldsymbol{x})p(\boldsymbol{x})}{\displaystyle\int p(\boldsymbol{y}|\boldsymbol{x})p(\boldsymbol{x})\,\mathrm{d}\boldsymbol{x}} \tag{5.8}$$

を導くことができる．この関係式は**ベイズの定理** (Bayes' theorem) と呼ばれており，確率モデルの設計によく用いられる．

最後に，確率密度関数の変数変換についてである．一変数の確率密度関数 $p_x(x)$ について，確率変数 x が新たな変数 z を用いて $x = f(z)$ のように表せるとする．$f(z)$ は狭義単調な関数である．このとき，新たな確率変数 z に関する確率分布 $p_z(z)$ は

$$p_z(z) = p_x(f(z))|f'(z)| \tag{5.9}$$

で与えられる．実際

$$p_z(z) \geqq 0, \quad \int p_z(z)\,\mathrm{d}z = \int p_x(f(z))|f'(z)|\,\mathrm{d}z = \int p_x(x)\,\mathrm{d}x = 1$$

であるから，この $p_z(z)$ が変数 z の確率密度関数であることが確認できる．

和の規則

片方の確率変数で積分するともう片方の確率変数の周辺分布となる．

$$p(\boldsymbol{x}) = \int (\boldsymbol{x}, \boldsymbol{y})\,\mathrm{d}\boldsymbol{y}$$

積の規則

結合分布は条件付き分布と周辺分布の積で表すことができる．

$$p(\boldsymbol{x}, \boldsymbol{y}) = p(\boldsymbol{x}|\boldsymbol{y})p(\boldsymbol{y}) = p(\boldsymbol{y}|\boldsymbol{x})p(\boldsymbol{x})$$

5.4　確率分布の期待値

確率的モデリングの方法では

$$\int f(\boldsymbol{x})p(\boldsymbol{x})\,\mathrm{d}\boldsymbol{x}$$

の形の計算が頻出する．この計算は**期待値** (expectation) と呼ばれ，確率的モデリングでは，設計した確率モデルに対してさまざまな期待値を計算する必要がある．本書では，確率分布 $p(\boldsymbol{x})$ が与えられたとき，関数 $f(\boldsymbol{x})$ に関する期待値を

$$\mathbb{E}[f(\boldsymbol{x})] = \int f(\boldsymbol{x})p(\boldsymbol{x})\,\mathrm{d}\boldsymbol{x} \tag{5.10}$$

のように表記する．期待値の定義から期待値計算では，つぎのような線形性が

成り立つ．

$$\mathbb{E}[af(\boldsymbol{x}) + bg(\boldsymbol{x})] = a\mathbb{E}[f(\boldsymbol{x})] + b\mathbb{E}[g(\boldsymbol{x})] \tag{5.11}$$

ここで，a, b は任意の定数である．また，定数 $f(\boldsymbol{x}) = c$ に関する期待値は

$$\mathbb{E}[c] = c \tag{5.12}$$

となる．

よく計算される基本的な期待値は平均，分散，共分散の 3 種類である．$f(\boldsymbol{x}) = x_n$ での期待値のことを確率変数 x_n の**平均** (mean) といい

$$\mu_n = \mathbb{E}[x_n] = \int x_n p(\boldsymbol{x})\,\mathrm{d}\boldsymbol{x} \tag{5.13}$$

で定義される．平均 μ_n が得られると $f(\boldsymbol{x}) = (x_n - \mu_n)^2$ での期待値

$$\sigma_n^2 = \mathbb{E}[(x_n - \mu_n)^2] = \int (x_n - \mu_n)^2 p(\boldsymbol{x})\,\mathrm{d}\boldsymbol{x} \tag{5.14}$$

を計算することができる．この期待値 σ_n^2 は確率変数 x_n の**分散** (variance) と呼ばれ，その平方根 $\sigma_n = \sqrt{\sigma_n^2}$ は確率変数 x_n の**標準偏差** (standard deviation) と呼ばれる．期待値計算の線形性を用いると，この σ_n^2 の計算は

$$\sigma_n^2 = \mathbb{E}[(x_n - \mu_n)^2] = \mathbb{E}[x_n^2] - \mathbb{E}[x_n]^2 \tag{5.15}$$

のように表すこともできる．この式から

$$\mathbb{E}[x_n^2] = \mu_n^2 + \sigma_n^2 \tag{5.16}$$

が成り立つことがわかる．また，$f(\boldsymbol{x}) = (x_m - \mu_m)(x_n - \mu_n)$ での期待値

$$\begin{aligned}\sigma_{mn} &= \mathbb{E}[(x_m - \mu_m)(x_n - \mu_n)] \\ &= \int (x_m - \mu_m)(x_n - \mu_n) p(\boldsymbol{x})\,\mathrm{d}\boldsymbol{x} \end{aligned} \tag{5.17}$$

は確率変数 x_m, x_n の**共分散** (covariance) と呼ばれる．分散の計算法と同様に，共分散の計算も

$$\sigma_{mn} = \mathbb{E}[(x_m - \mu_m)(x_n - \mu_n)] = \mathbb{E}[x_m x_n] - \mathbb{E}[x_m]\mathbb{E}[x_n] \tag{5.18}$$

のように表現することができ

$$\mathbb{E}[x_m x_n] = \sigma_{mn} + \mu_m \mu_n \tag{5.19}$$

が成り立つ．

また，共分散 σ_{mn} と標準偏差 σ_m, σ_n を用いて計算される量

$$r_{mn} = \frac{\sigma_{mn}}{\sigma_n \sigma_m}$$

は確率変数 x_n, x_m の**相関係数** (correlation coefficient) と呼ばれる．

期待値

関数 $f(\boldsymbol{x})$ の確率分布 $p(\boldsymbol{x})$ での期待値は次式で計算される．

$$\mathbb{E}[f(\boldsymbol{x})] = \int f(\boldsymbol{x})p(\boldsymbol{x})\,\mathrm{d}\boldsymbol{x}$$

基本的な期待値としては平均，分散，共分散などがある．

5.5　カテゴリカル分布

カテゴリカル分布 (categorical distribution) は基本的な確率質量関数の一つであり，0〜$K-1$ の K 種類の離散値を実現値とする確率分布である．この確率分布は

$$\mathcal{C}(x; \boldsymbol{r}) = \prod_{k=0}^{K-1} r_k^{\delta(x,k)} \tag{5.20}$$

で定義され，r_k は

$$\sum_{k=0}^{K-1} r_k = r_0 + r_1 + r_2 + \cdots + r_{K-1} = 1 \quad (r_k \geqq 0) \tag{5.21}$$

を満たす確率分布のパラメータである．パラメータ r_{x} はカテゴリカル分布 $\mathcal{C}(x;\boldsymbol{r})$ が実現値 $x = \mathrm{x}$ を生成する確率に対応している．ここで，$\delta(x,k)$ は**クロネッカーのデルタ関数** (Kronecker delta function) であり

$$\delta(x,k) = \begin{cases} 1 & (x = k) \\ 0 & (x \neq k) \end{cases} \tag{5.22}$$

である．

$K = 2$ のカテゴリカル分布は**ベルヌーイ分布** (Bernoulli distribution) とも呼ばれ，$r_k = 1/K$ のカテゴリカル分布は**離散一様分布** (discrete uniform distribution) と呼ばれる．ベルヌーイ分布は $x = 0,1$ の二つの値を実現値とする確率分布であり

$$\mathcal{B}(x;r) = r^{\delta(x,0)}(1-r)^{\delta(x,1)} \tag{5.23}$$

のように表される．r はベルヌーイ分布のパラメータであり，$x = 0$ の実現値を生成する確率に対応している．また，離散一様分布は $x = 0,\ldots,K-1$ の K 種類の実現値をもつ確率分布であり

$$\mathcal{U}(x) = \frac{1}{K}$$

のように定数関数として表すことができる．

カテゴリカル分布の例を**図 5.1** と**図 5.2** に与える．棒グラフの高さは各実現値を生成する生成確率に対応しており，図 5.1 が $K = 4$ のカテゴリカル分布 $\mathcal{C}(x;[0.1,0.2,0.3,0.4])$ に対応し，図 5.2 が $K = 5$ のカテゴリカル分布 $\mathcal{C}(x;[0.2,0.2,0.2,0.2,0.2])$ に対応している．図 5.2 は離散一様分布の例でもある．

カテゴリカル分布の平均は

$$\mu = \mathbb{E}[x] = \sum_{x} x\mathcal{C}(x;\boldsymbol{r}) = \sum_{k=0}^{K-1} kr_k \tag{5.24}$$

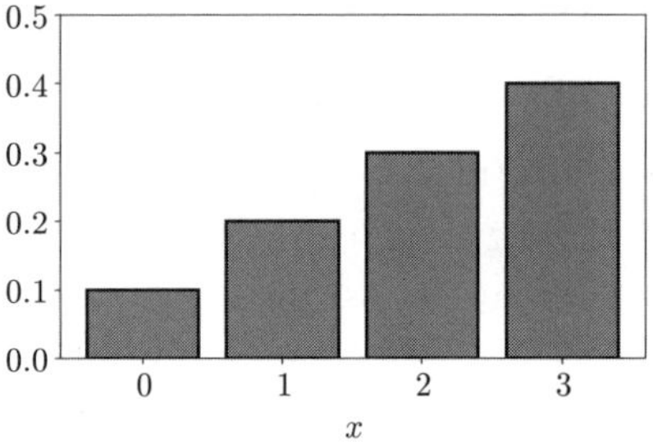

図 **5.1** $\mathcal{C}(x;[0.1,0.2,0.3,0.4])$ の確率分布

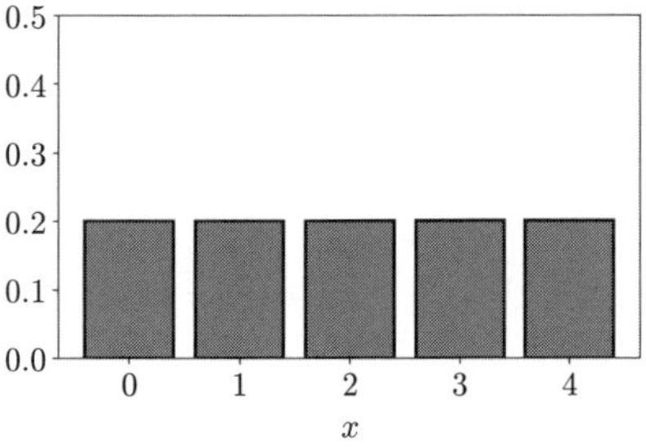

図 **5.2** $\mathcal{C}(x;[0.2,0.2,0.2,0.2,0.2])$ の確率分布

で与えられ，分散は

$$\sigma^2 = \mathbb{E}[x^2] - \mathbb{E}[x]^2 = \sum_{k=0}^{K-1} k^2 r_k - \left(\sum_{k=0}^{K-1} k r_k\right)^2 \tag{5.25}$$

となる．カテゴリカル分布では，$\delta(x,k)$ に関する期待値も重要であり，この期待値は

$$\mathbb{E}[\delta(x,k)] = \sum_x \delta(x,k)\mathcal{C}(x;\boldsymbol{r}) = r_k \tag{5.26}$$

のように計算することができる．

また，確率的モデリングの方法では，確率分布の対数を考える場合が多い．カテゴリカル分布の対数は次式で与えられる．

$$\ln \mathcal{C}(x;\boldsymbol{r}) = \sum_{k=0}^{K-1} \delta(x,k) \ln r_k \tag{5.27}$$

例 5.1

あるウイルスの検査方法は 95/100 の確率で感染者を陽性判定することができるが，確率 5/100 で非感染者にも陽性判定を出してしまうことが知られている．このウイルスに感染する確率が 5/100 であったとき，陽性判定された人が実際に感染している確率を計算する．

ウイルスに感染してるかどうかを確率変数 x で表し，$x=0$ であれば感染しておらず，$x=1$ であれば感染しているものとする．同様に，検査結果が陽性であるかどうかを確率変数 y で表し，$y=0$ であれば陰性，$y=1$ であれば陽性であるとする．ウイルスに感染してるかどうかの確率分布 $p(x)$ はカテゴリカル分布を用いて

$$p(x) = \mathcal{C}(x; [95/100, 5/100]) = \left(\frac{95}{100}\right)^{\delta(x,0)} \left(\frac{5}{100}\right)^{\delta(x,1)}$$

のように表され，検査結果 y についての確率分布は条件付き分布として

$$p(y|x=0) = \mathcal{C}(y; [95/100, 5/100]) = \left(\frac{95}{100}\right)^{\delta(y,0)} \left(\frac{5}{100}\right)^{\delta(y,1)}$$

$$p(y|x=1) = \mathcal{C}(y; [5/100, 95/100]) = \left(\frac{5}{100}\right)^{\delta(y,0)} \left(\frac{95}{100}\right)^{\delta(y,1)}$$

のように表される．陽性判定された人が実際に感染している確率は $p(x=1|y=1)$ であるので，ベイズの定理からつぎのように計算できる．

$$p(x=1|y=1) = \frac{p(y=1|x=1)p(x=1)}{\displaystyle\sum_x p(y=1|x)p(x)}$$

$$= \frac{(95/100)(5/100)}{(5/100)(95/100)+(95/100)(5/100)} = \frac{1}{2}$$

例 5.2

多くのプログラミング言語では，カテゴリカル分布 $\mathcal{C}(x;\boldsymbol{r})$ から乱数を生成することができる．$K=4$ のカテゴリカル分布 $\mathcal{C}(x;[0.1,0.2,0.3,0.4])$ から N 個の乱数を生成してヒストグラムを作成する．$N=50, 100, 500, 5\,000$ でのヒストグラムはつぎのようになる．ヒストグラムの高さは生成された数値の割合に対応しており，破線は $\mathcal{C}(x;[0.1,0.2,0.3,0.4])$ の確率分布である．

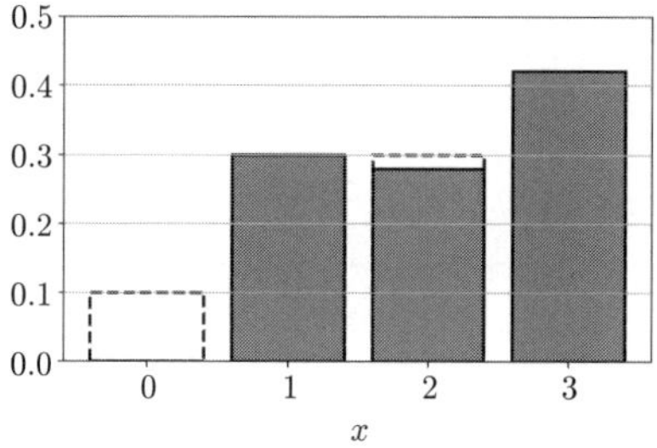

$N=50$ でのヒストグラム

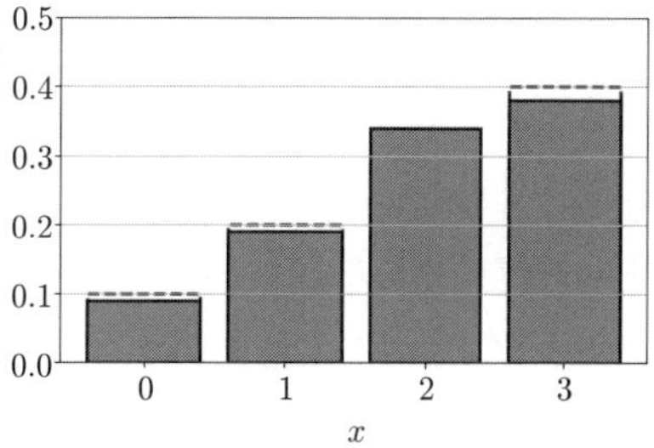

$N=100$ でのヒストグラム

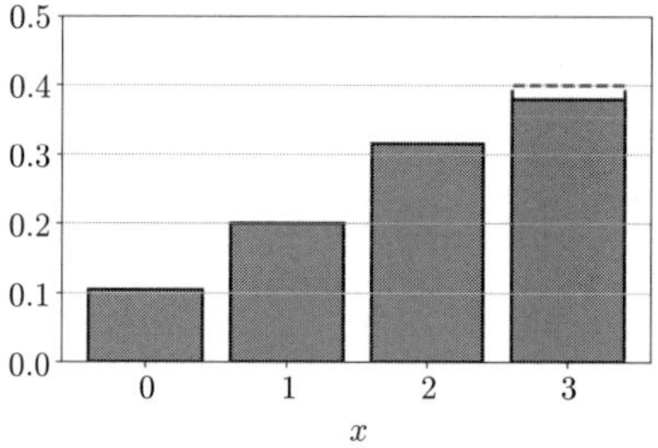

$N=500$ でのヒストグラム

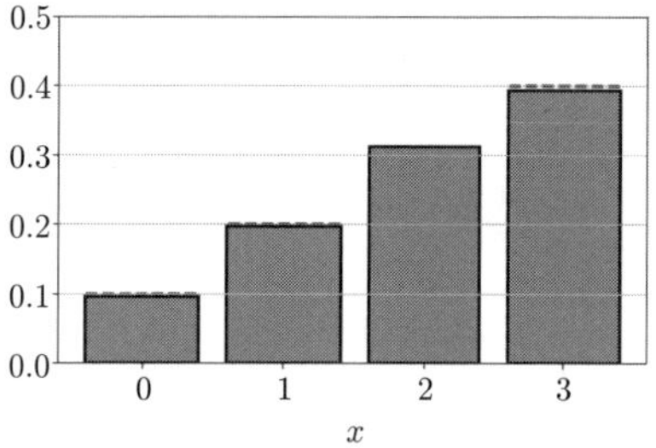

$N=5\,000$ でのヒストグラム

このように，N の値が大きくなると，乱数のヒストグラムは生成したカテゴリカル分布に近づいていく．

カテゴリカル分布

0〜$K-1$ の離散値を実現値とする確率質量関数．

$$\mathcal{C}(x;\boldsymbol{r}) = \prod_{k=0}^{K-1} r_k^{\delta(x,k)} \qquad \left(\sum_{k=0}^{K-1} r_k = 1\right)$$

5.6　ガ ウ ス 分 布

確率密度関数で重要となる確率分布は**ガウス分布** (Gaussian distribution) または**正規分布** (normal distribution) と呼ばれるものである．ガウス分布は

$-\infty \sim \infty$ の実数値を実現値とする確率分布であり

$$\mathcal{N}(x;\mu,\sigma) = \frac{1}{\sqrt{2\pi\sigma^2}} \exp\left(-\frac{1}{2\sigma^2}(x-\mu)^2\right) \tag{5.28}$$

のように定義される．ここで，μ, σ はガウス分布の形状を決定するパラメータである．ガウス分布の規格化定数は $\sqrt{2\pi\sigma^2}$ であり，この項を無視するとガウス分布は

$$\mathcal{N}(x;\mu,\sigma) \propto \exp\left(-\frac{1}{2\sigma^2}(x-\mu)^2\right) \tag{5.29}$$

のように表すことができる．

ガウス分布の例を**図 5.3** と**図 5.4** に与える．図 5.3 はガウス分布 $\mathcal{N}(x;0,1)$ の確率分布であり，図 5.4 はガウス分布 $\mathcal{N}(x;1,0.5)$ の確率分布である．このようにガウス分布は単峰性の確率分布であり，パラメータ μ が山頂の位置に対応しており，パラメータ σ は山の広がり具合に対応している．さまざまなパラメータ μ, σ に対するガウス分布の山の様子を**図 5.5** に示す．

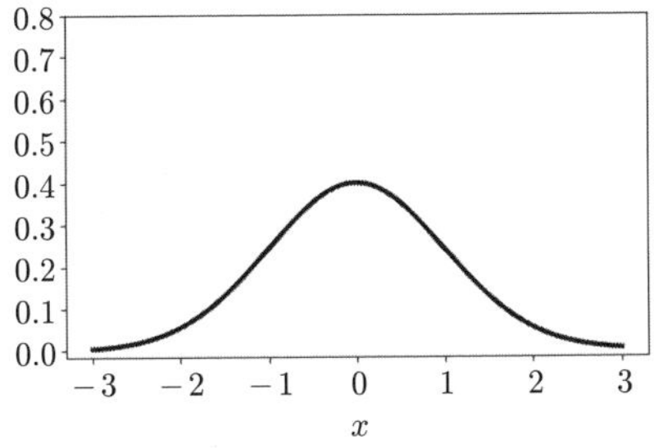

図 5.3　$\mathcal{N}(x;0,1)$ の確率分布

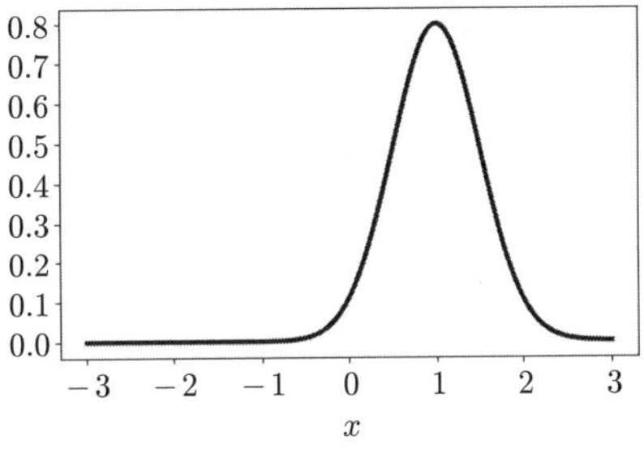

図 5.4　$\mathcal{N}(x;1,0.5)$ の確率分布

ガウス分布のパラメータ μ, σ には，5.4 節で説明した平均・標準偏差と同一の記号が用いられている．実は，これらのパラメータはそのままガウス分布の平均と標準偏差に対応しているのである．このことは，つぎの**ガウス積分** (Gaussian integral) の公式を用いることで簡単に確かめることができる．

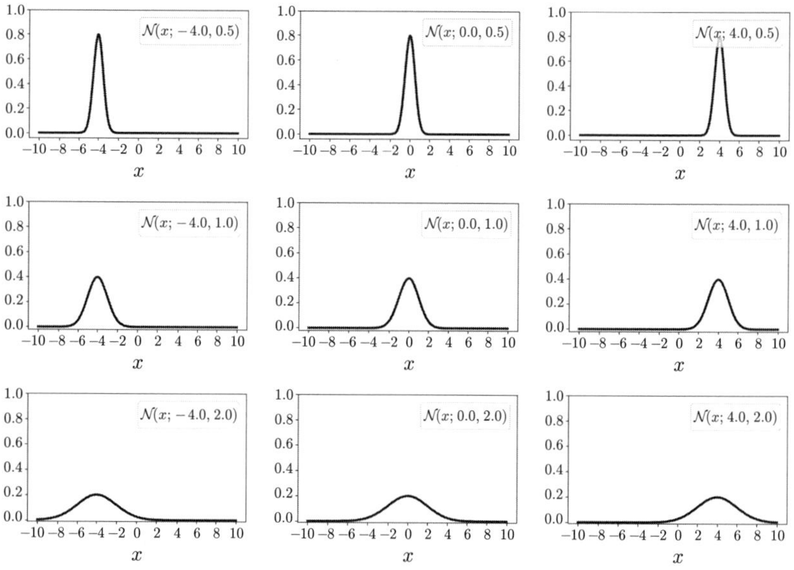

図 5.5　ガウス分布の概形とパラメータの関係（μ は山頂の位置に対応し，σ は山の広がり具合に対応している）

ガウス積分

$$\int_{-\infty}^{\infty} \exp\left(-x^2\right)\,\mathrm{d}x = \sqrt{\pi}$$

まず，x での期待値は

$$\mathbb{E}[x] = \int_{-\infty}^{\infty} x\mathcal{N}(x;\mu,\sigma)\,\mathrm{d}x = \mu \tag{5.30}$$

のように計算することができ，パラメータ μ がガウス分布の平均に対応することがわかる．つぎに，x^2 での期待値を計算すると

$$\mathbb{E}[x^2] = \int_{-\infty}^{\infty} x^2\mathcal{N}(x;\mu,\sigma)\,\mathrm{d}x = \sigma^2+\mu^2 \tag{5.31}$$

となるが，$\mathbb{E}[x]=\mu$ であったので，$\sigma^2 = \mathbb{E}[x^2]-\mathbb{E}[x]^2$ と表せる．よって，σ^2 がガウス分布の分散に対応しているので，パラメータ σ はガウス分布の標準偏差に対応していることがわかる．

最後に，ガウス分布の対数は次式で与えられる．

$$
\begin{aligned}
\ln \mathcal{N}(x;\mu,\sigma) &= -\frac{1}{2\sigma^2}(x-\mu)^2 - \frac{1}{2}\ln\sigma^2 - \frac{1}{2}\ln 2\pi \\
&= -\frac{1}{2\sigma^2}x^2 + \frac{\mu}{\sigma^2}x + \text{Const.}
\end{aligned}
\tag{5.32}
$$

ここで，Const. は確率変数 x に無関係な項である．このように，ガウス分布の対数は上に凸な二次関数となるのである．逆に，確率分布の対数が上に凸な二次関数であるのなら，その確率分布はガウス分布である．

例 5.3

確率変数 x の確率分布を $p(x)=\mathcal{N}(x;\mu_x,\sigma_x)$ とし，確率変数 y の条件付き分布を $p(y|x)=\mathcal{N}(y;\phi_y x,\sigma_y)$ とする．このとき，条件付き分布 $p(x|y)$ を求める．

積の規則から結合分布 $p(x,y)$ は

$$
\begin{aligned}
p(x,y) &= p(y|x)p(x) \\
&= \frac{1}{\sqrt{4\pi^2\sigma_x^2\sigma_y^2}}\exp\left(-\frac{1}{2\sigma_x^2}(x-\mu_x)^2 - \frac{1}{2\sigma_y^2}(y-\phi_y x)^2\right)
\end{aligned}
$$

となる．ここで，条件付き分布の定義 $p(x|y)=p(x,y)/p(y)$ から

$$
\ln p(x|y) = \ln p(x,y) - \ln p(y)
$$

であるので，$\ln p(x|y)$ の確率変数 x に関する項と $\ln p(x,y)$ の確率変数 x に関する項は一致するはずである．よって，$\ln p(x,y)$ から確率変数 x に関する項を抜き出すと

$$
\ln p(x|y) = -\frac{1}{2}\left(\frac{1}{\sigma_x^2}+\frac{\phi_y^2}{\sigma_y^2}\right)x^2 + \left(\frac{\mu_x}{\sigma_x^2}+\frac{\phi_y y}{\sigma_y^2}\right)x + C_0
$$

となることがわかる．C_0 は確率変数 x に無関係な項である．したがって，条件付き分布 $p(x|y)$ はガウス分布であり

$$
p(x|y) = \mathcal{N}(x;\widetilde{\mu},\widetilde{\sigma})
$$

とおくと，式 (5.32) から

$$\widetilde{\sigma}^2 = \frac{1}{1/\sigma_x^2 + \phi_y^2/\sigma_y^2} = \frac{\sigma_x^2\sigma_y^2}{\sigma_y^2 + \phi_y^2\sigma_x^2} = (1-\gamma\phi_y)\,\sigma_x^2$$

$$\widetilde{\mu} = \left(\frac{\mu_x}{\sigma_x^2} + \frac{\phi_y y}{\sigma_y^2}\right)\widetilde{\sigma}^2 = \frac{\mu_x\sigma_y^2 + \phi_y y \sigma_x^2}{\sigma_y^2 + \phi_y^2\sigma_x^2} = \mu_x + \gamma(y - \phi_y\mu_x)$$

$$\gamma = \frac{\phi_y\sigma_x^2}{\sigma_y^2 + \phi_y^2\sigma_x^2}$$

のように表せることがわかる．

例 5.4

確率変数 x の確率分布を $p(x) = \mathcal{N}(x;\mu_x,\sigma_x)$ とし，確率変数 y の条件付き分布を $p(y|x) = \mathcal{N}(y;\phi_y x,\sigma_y)$ とする．このとき，周辺分布 $p(y)$ を求める．

積の規則から結合分布 $p(x,y)$ は

$$p(x,y) = \frac{1}{\sqrt{4\pi^2\sigma_x^2\sigma_y^2}}\exp\left(-\frac{1}{2\sigma_x^2}(x-\mu_x)^2 - \frac{1}{2\sigma_y^2}(y-\phi_y x)^2\right)$$

である．ここで，指数部分を確率変数 x に関して平方完成すると

$$\begin{aligned}&-\frac{1}{2\sigma_x^2}(x-\mu_x)^2 - \frac{1}{2\sigma_y^2}(y-\phi_y x)^2 \\ &\quad = -\frac{1}{2\sigma_0^2}(x-\mu_0(y))^2 + \frac{1}{2\sigma_0^2}\mu_0(y)^2 - \frac{1}{2\sigma_y^2}y^2 + C_0\end{aligned}$$

のように整理することができる．ここで

$$\sigma_0^2 = \frac{\sigma_x^2\sigma_y^2}{\sigma_y^2 + \phi_y^2\sigma_x^2}, \quad \mu_0(y) = \frac{\mu_x\sigma_y^2 + \phi_y y\sigma_x^2}{\sigma_y^2 + \phi_y^2\sigma_x^2}$$

であり，C_0 は確率変数 x, y に無関係な項である．さらに，ガウス積分の公式を用いると

$$\int \exp\left(-\frac{1}{2\sigma_0^2}(x-\mu_0(y))^2\right)\mathrm{d}x = \sqrt{2\pi\sigma_0^2}$$

のように計算できるので，和の規則から

$$p(y) = \int p(x,y)\,\mathrm{d}x = \sqrt{\frac{\sigma_0^2}{2\pi\sigma_x^2\sigma_y^2}} \exp\left(\frac{1}{2\sigma_0^2}\mu_0(y)^2 - \frac{1}{2\sigma_y^2}y^2 + C_0\right)$$

となり，周辺分布 $p(y)$ の対数は

$$\ln p(y) = -\frac{1}{2(\phi_y^2\sigma_x^2 + \sigma_y^2)}y^2 + \frac{\phi_y\mu_x}{\phi_y^2\sigma_x^2 + \sigma_y^2}y + C_1$$

のように整理できる．C_1 は確率変数 y に無関係な項である．よって，$p(y)$ はガウス分布であり

$$p(y) = \mathcal{N}(y; \widetilde{\mu}, \widetilde{\sigma})$$

とおくと，式 (5.32) から

$$\widetilde{\sigma}^2 = \phi_y^2\sigma_x^2 + \sigma_y^2, \quad \widetilde{\mu} = \phi_y\mu_x$$

のように表すことができる．

例 5.5

確率変数 x の確率分布を $p(x) = \mathcal{N}(x; \mu_x, \sigma_x)$，確率変数 y の確率分布を $p(y) = \mathcal{N}(y; \mu_y, \sigma_y)$ とし，確率変数 x, y は互いに独立であるとする．このとき，確率変数 $z = x + y$ の確率分布 $p(z)$ を考える．

$x = z - y$ であるので，式 (5.9) の変数変換公式から，変数 y が与えられたもとでの確率変数 z の条件付き分布は

$$p(z|y) = \frac{1}{\sqrt{2\pi\sigma_x^2}} \exp\left(-\frac{1}{2\sigma_x}(z - y - \mu_x)^2\right) = \mathcal{N}(z; \mu_x + y, \sigma_x)$$

で与えられる．$p(y) = \mathcal{N}(y; \mu_y, \sigma_y)$ であるので，積の規則から，結合分布 $p(y,z) = p(y|z)p(z)$ は

$$p(y,z) = \frac{1}{\sqrt{4\pi^2\sigma_x^2\sigma_y^2}} \exp\left(-\frac{1}{2\sigma_x^2}(z-y-\mu_x)^2 - \frac{1}{2\sigma_y^2}(y-\mu_y)^2\right)$$

となる．この結合分布の指数部分を確率変数 y に関して平方完成すると

$$\begin{aligned} &-\frac{1}{2\sigma_x^2}(z-y-\mu_x)^2 - \frac{1}{2\sigma_y^2}(y-\mu_y)^2 \\ &\quad = -\frac{1}{2\sigma_0^2}\left(y-\mu_0(z)\right)^2 + \frac{1}{2\sigma_0^2}\mu_0(z)^2 - \frac{1}{2\sigma_x^2}(z-\mu_x)^2 + C_0 \end{aligned}$$

のように整理することができる．ここで

$$\sigma_0^2 = \frac{\sigma_x^2\sigma_y^2}{\sigma_x^2+\sigma_y^2}, \quad \mu_0(z) = \frac{\mu_y\sigma_x^2 + (z-\mu_x)\sigma_y^2}{\sigma_x^2+\sigma_y^2}$$

であり，C_0 は確率変数 y, z に無関係な項である．さらに，ガウス積分の公式を用いると

$$\int \exp\left(-\frac{1}{2\sigma_0^2}(y-\mu_0(z))^2\right) \mathrm{d}y = \sqrt{2\pi\sigma_0^2}$$

のように計算できるので，和の規則から

$$\begin{aligned} p(z) &= \int p(y,z)\,\mathrm{d}y \\ &= \sqrt{\frac{\sigma_0^2}{2\pi\sigma_x^2\sigma_y^2}} \exp\left(\frac{1}{2\sigma_0^2}\mu_0(z)^2 - \frac{1}{2\sigma_x^2}(z-\mu_x)^2 + C_0\right) \end{aligned}$$

となり，周辺分布 $p(z)$ の対数は

$$\ln p(z) = -\frac{1}{2(\sigma_x^2+\sigma_y^2)}z^2 + \frac{\mu_x+\mu_y}{\sigma_x^2+\sigma_y^2}z + C_1$$

のように整理できる．C_1 は確率変数 z に無関係な項である．よって，$p(z)$ はガウス分布であり

$$p(z) = \mathcal{N}(z; \widetilde{\mu}, \widetilde{\sigma})$$

とおくと，式 (5.32) から

$$\widetilde{\sigma}^2 = \sigma_x^2 + \sigma_y^2, \quad \widetilde{\mu} = \mu_x + \mu_y$$

のように表すことができる．

例 5.6

多くのプログラム言語では，ガウス分布 $\mathcal{N}(x;\mu,\sigma)$ から乱数を生成することができる．ガウス分布 $\mathcal{N}(x;0,1)$ から N 個の乱数を生成してヒストグラムを作成する．$N=50,100,500,5\,000$ でのヒストグラムはつぎのようになる．ヒストグラムの面積は生成された数値の割合に対応している．

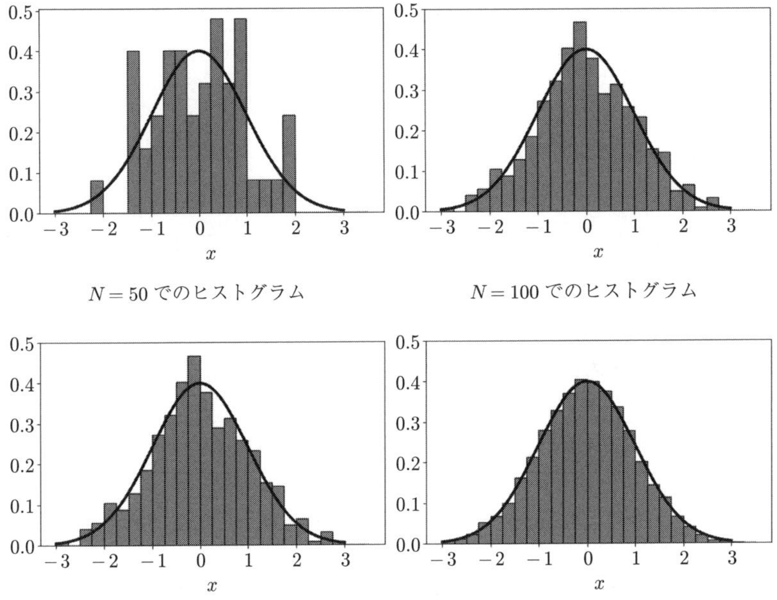

$N=50$ でのヒストグラム　$N=100$ でのヒストグラム

$N=500$ でのヒストグラム　$N=5\,000$ でのヒストグラム

N の値が大きくなると，数値列のヒストグラムは生成したガウス分布に近づいていく．

ガウス分布

実数全体を実現値とする確率密度関数．

$$\mathcal{N}(x;\mu,\sigma)=\frac{1}{\sqrt{2\pi\sigma^2}}\exp\left(-\frac{1}{2\sigma^2}(x-\mu)^2\right)$$

5.7　混合ガウス分布

ガウス分布の重み付き和を考えることで**混合ガウス分布** (mixtures of Gaussians) と呼ばれる確率密度関数を作り出すことができる．混合ガウス分布は

$$\mathcal{M}(x; \boldsymbol{\mu}, \boldsymbol{\sigma}, \boldsymbol{r}) = \sum_{k=0}^{K-1} r_k \mathcal{N}(x; \mu_k, \sigma_k) \tag{5.33}$$

で定義され，$\boldsymbol{\mu} = [\mu_0, \ldots, \mu_{K-1}]$ と $\boldsymbol{\sigma} = [\sigma_0, \ldots, \sigma_{K-1}]$ は各ガウス分布の平均と分散に対応するパラメータ，$\boldsymbol{r} = [r_0, \ldots, r_{K-1}]$ は

$$\sum_{k=0}^{K-1} r_k = r_0 + r_1 + r_2 + \cdots + r_{K-1} = 1 \quad (r_k \geqq 0) \tag{5.34}$$

を満たす重みパラメータである．

混合ガウス分布の例を図 **5.6** と図 **5.7** に与える．図 5.6 はパラメータ設定が

$$\boldsymbol{\mu} = [\ -2.5,\ 2.5\ ], \quad \boldsymbol{\sigma} = [\ 1,\ 0.5\ ], \quad \boldsymbol{r} = [\ 0.5,\ 0.5\ ]$$

で与えられる $K = 2$ の混合ガウス分布であり，図 5.7 はパラメータ設定が

$$\boldsymbol{\mu} = [\ -2.5,\ 0,\ 1,\ 2.5,\ 3\ ]$$

$$\boldsymbol{\sigma} = [\ 1,\ 1,\ 0.5,\ 2,\ 0.2\ ]$$

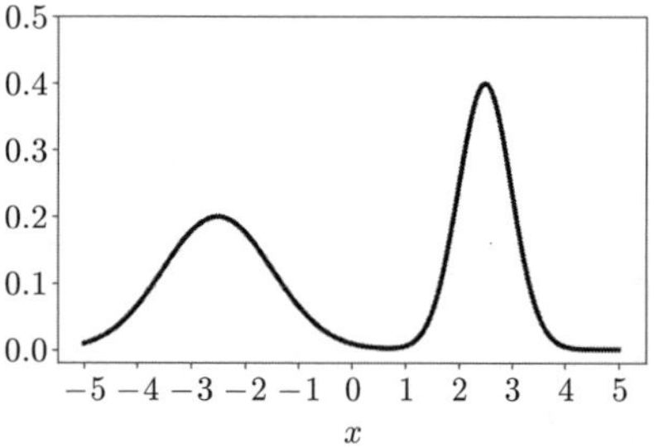

図 5.6　混合ガウス分布の例 1

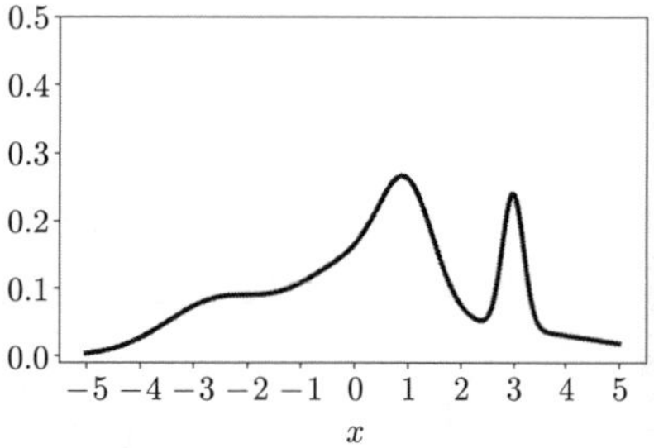

図 5.7　混合ガウス分布の例 2

$$\boldsymbol{r} = [\, 0.2,\ 0.3,\ 0.2,\ 0.2,\ 0.1 \,]$$

で与えられる $K=5$ の混合ガウス分布である．このように，ガウス分布自体は単純な形状の確率分布であるが，その重み付き和を考えることでさまざまな複雑な形状の確率分布を作り出すことができる．

混合ガウス分布はカテゴリカル分布とガウス分布の組み合わせとみなすことができる．変数 z をカテゴリカル分布

$$p(z) = \mathcal{C}(z; \boldsymbol{r}) = \prod_{k=0}^{K-1} r_k^{\delta(z,k)} \tag{5.35}$$

に従う確率変数，変数 x をガウス分布の条件付き分布 $p(x|z)$

$$p(x|z=k) = \mathcal{N}(x; \mu_k, \sigma_k) = \frac{1}{\sqrt{2\pi\sigma_k^2}} \exp\left(-\frac{1}{2\sigma_k^2}(x-\mu_k)^2\right) \tag{5.36}$$

に従う確率変数とする．この条件付き分布は

$$p(x|z) = \prod_{k=0}^{K-1} \mathcal{N}(x; \mu_k, \sigma_k)^{\delta(z,k)} \tag{5.37}$$

のように表すこともできる．このように二つの分布を定めると，積の規則から，確率変数 x, z の結合分布 $p(x,z)$ は

$$p(x,y) = p(x|z)p(z) = \prod_{k=0}^{K-1} \left(r_k \mathcal{N}(x; \mu_k, \sigma_k)\right)^{\delta(z,k)} \tag{5.38}$$

のように表すことができる．このとき，和の規則を用いると，確率変数 x の周辺分布は

$$p(x) = \sum_{z=0}^{K-1} p(x,z) = \sum_{k=0}^{K-1} r_k \mathcal{N}(x; \mu_k, \sigma_k) = \mathcal{M}(x; \boldsymbol{\mu}, \boldsymbol{\sigma}, \boldsymbol{r}) \tag{5.39}$$

のように計算することができ，周辺分布の計算結果は混合ガウス分布となる．このように，混合ガウス分布は単なるガウス分布の重み付き和というだけでな

く，カテゴリカル分布とガウス分布を組み合わせた結合分布の周辺分布としても解釈することができる．

カテゴリカル分布とガウス分布を用いた混合ガウス分布の導出は，混合ガウス分布からの乱数生成法にも関係している．変数 x は式 (5.33) の混合ガウス分布に従う確率変数であるが，この変数は式 (5.36) の条件付き分布にも従う確率変数である．そのため，式 (5.35) のカテゴリカル分布から実現値 $z = k$ をあらかじめ得ることができれば，式 (5.36) の条件付き分布から確率変数 x の乱数を生成することができる．このように，カテゴリカル分布からとガウス分布からの乱数生成を交互に行うことで，混合ガウス分布からの乱数生成を簡単に行うことができる．

例 5.7

多くのプログラム言語では，カテゴリカル分布とガウス分布から乱数を生成することができる．混合ガウス分布 $\mathcal{M}(x; [-2, 2], [1, 1], [0.3, 0.7])$ から N 個の乱数を生成してヒストグラムを作成する．$N = 50, 100, 500, 5\,000$ でのヒストグラムはつぎのようになる．ヒストグラムの面積は生成された数値の割合に対応している．

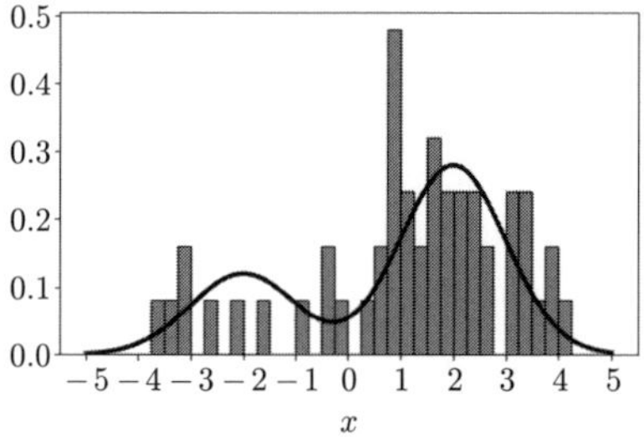

$N = 50$ でのヒストグラム

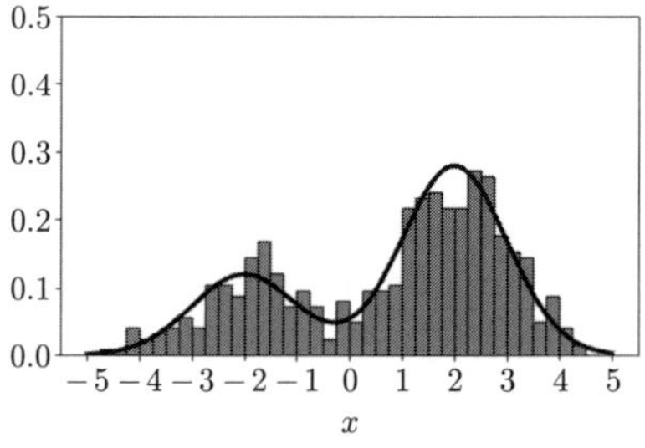

$N = 100$ でのヒストグラム

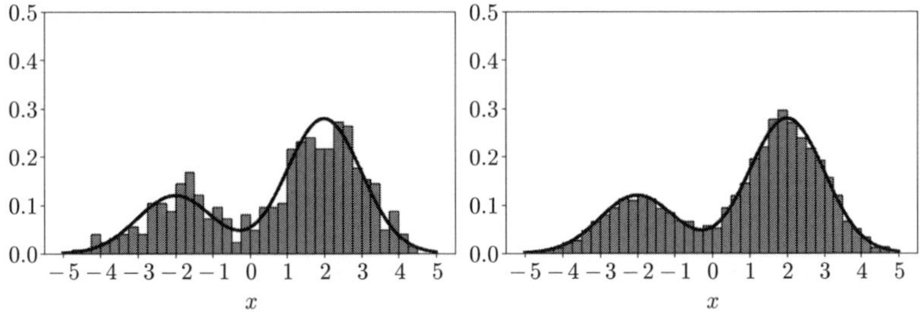

$N = 500$ でのヒストグラム　　$N = 5\,000$ でのヒストグラム

N の値が大きくなると，乱数のヒストグラムは生成した混合ガウス分布に近づいていく．

混合ガウス分布

ガウス分布の重み付き和として表される確率密度関数．

$$\mathcal{M}(x; \boldsymbol{\mu}, \boldsymbol{\sigma}, \boldsymbol{r}) = \sum_{k=0}^{K-1} r_k \mathcal{N}(x; \mu_k, \sigma_k)$$

混合ガウス分布はカテゴリカル分布とガウス分布を組み合わせた確率密度関数と解釈することができる．

5.8 多次元ガウス分布

多次元ガウス分布 (multidimensional Gaussian distribution) とはガウス分布を多変数の確率密度関数に拡張したものであり，二つの確率変数 x, y をもつ二次元ガウス分布は

$$\mathcal{N}(x, y; \boldsymbol{\mu}, \Sigma) = \frac{1}{2\pi\sigma_x\sigma_y\sqrt{1 - r_{xy}^2}} \exp\left(-\frac{1}{2}H(x, y; \boldsymbol{\mu}, \Sigma)\right) \quad (5.40)$$

のように定義される．指数部分は

$$H(x,y;\boldsymbol{\mu},\Sigma) = \frac{1}{(1-r_{xy}^2)}\left(\left(\frac{x-\mu_x}{\sigma_x}\right)^2 - 2r_{xy}\frac{x-\mu_x}{\sigma_x}\frac{y-\mu_y}{\sigma_y} + \left(\frac{y-\mu_y}{\sigma_y}\right)^2\right) \tag{5.41}$$

のような二次形式であり，規格化の定数部分を無視すると

$$\mathcal{N}(x,y;\boldsymbol{\mu},\Sigma) \propto \exp\left(-\frac{1}{2}H(x,y;\boldsymbol{\mu},\Sigma)\right) \tag{5.42}$$

である．一変数のガウス分布と同様に，二次元ガウス分布のパラメータ μ_x, μ_y, σ_x, σ_y も二次元ガウス分布の平均や標準偏差に対応しており，ガウス積分の公式を用いることで

$$\mu_x = \mathbb{E}[x] \tag{5.43}$$

$$\mu_y = \mathbb{E}[y] \tag{5.44}$$

$$\sigma_x^2 = \mathbb{E}[(x-\mu_x)^2] \tag{5.45}$$

$$\sigma_y^2 = \mathbb{E}[(y-\mu_y)^2] \tag{5.46}$$

の関係にあることを確かめることができる．また，確率変数 x, y の共分散 σ_{xy} を求めることで

$$\sigma_{xy} = \mathbb{E}[(x-\mu_x)(y-\mu_y)] = r_{xy}\sigma_x\sigma_y \tag{5.47}$$

であることがわかり，パラメータ r_{xy} は確率変数 x, y の相関係数に対応することが確かめられる．$\boldsymbol{\mu}$ と Σ は平均と分散に関する量をベクトルと行列としてまとめたものであり，ベクトル

$$\boldsymbol{\mu} = \begin{bmatrix} \mu_x \\ \mu_y \end{bmatrix} \tag{5.48}$$

を**平均ベクトル** (mean vector) と呼び，行列

$$\Sigma = \begin{bmatrix} \sigma_x^2 & \sigma_{xy} \\ \sigma_{xy} & \sigma_y^2 \end{bmatrix} = \begin{bmatrix} \sigma_x^2 & r_{xy}\sigma_x\sigma_y \\ r_{xy}\sigma_x\sigma_y & \sigma_y^2 \end{bmatrix} \tag{5.49}$$

を**共分散行列** (covariance matrix) と呼ぶ.

平均ベクトルと共分散行列をそれぞれ

$$\begin{bmatrix} \mu_x \\ \mu_y \end{bmatrix} = \begin{bmatrix} 1 \\ 2 \end{bmatrix}, \quad \begin{bmatrix} \sigma_x^2 & \sigma_{xy} \\ \sigma_{xy} & \sigma_y^2 \end{bmatrix} = \begin{bmatrix} 1 & 0.5 \\ 0.5 & 1 \end{bmatrix}$$

とする二次元ガウス分布の例を**図 5.8** に与える．この二次元ガウス分布の値の等高線は**図 5.9** である．このように，二次元ガウス分布は等高線が楕円形となるような単峰性の確率分布であり，平均ベクトル $\boldsymbol{\mu}$ が山頂の位置に対応しており，共分散行列が楕円形の山の広がりに対応している.

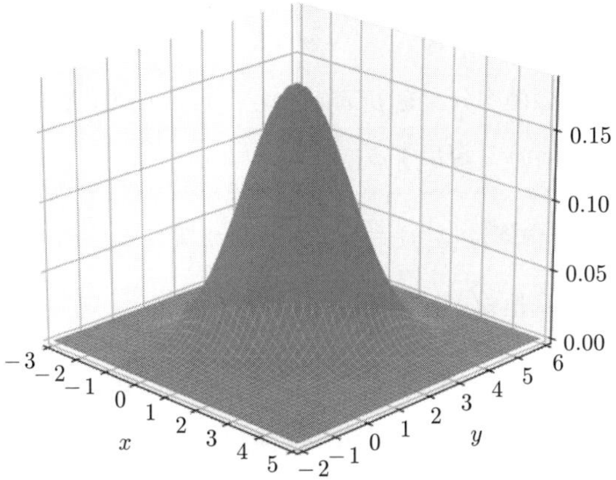

図 5.8 二次元ガウス分布の例

二次元ガウス分布の対数は次式で与えられる.

$$\begin{aligned} &\ln \mathcal{N}(x, y; \boldsymbol{\mu}, \Sigma) \\ &= -\frac{1}{2}H(x, y; \boldsymbol{\mu}, \Sigma) - \ln \sigma_x - \ln \sigma_y - \frac{1}{2}\ln\left(1 - r_{xy}^2\right) - \frac{1}{2}\ln 2\pi \\ &= -\frac{1}{2}H(x, y; \boldsymbol{\mu}, \Sigma) + \text{Const.} \end{aligned} \tag{5.50}$$

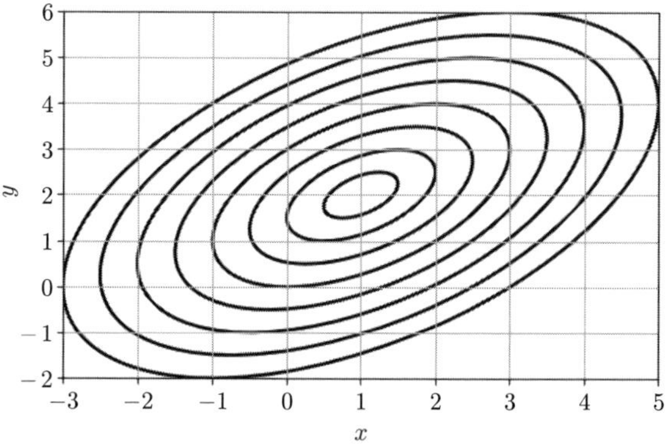

図 5.9 二次元ガウス分布の等高線

ここで，Const. は確率変数 x, y に無関係な項である．したがって，二次元ガウス分布の対数は二次形式に定数を加えたものになる．

例 5.8

確率変数 x, y の確率分布を $p(x, y) = \mathcal{N}(x, y; \boldsymbol{\mu}, \Sigma)$ とする．このとき，条件付き分布 $p(x|y)$ を導出する．

条件付き分布の定義 $p(x|y) = p(x, y)/p(y)$ から

$$\ln p(x|y) = \ln p(x, y) - \ln p(y)$$

であるので，$\ln p(x|y)$ の確率変数 x に関する項と $\ln p(x, y)$ の確率変数 x に関する項は一致する．よって，$\ln p(x, y)$ から確率変数 x に関する項を抜き出すと

$$\ln p(x|y) = -\frac{1}{2\sigma_x^2(1 - r_{xy}^2)}x^2 + \frac{1}{(1 - r_{xy}^2)}\left(\frac{\mu_x}{\sigma_x^2} - \frac{r_{xy}(y - \mu_y)}{\sigma_x \sigma_y}\right)x + C_0$$

のようになることがわかる．C_0 は確率変数 x に無関係な項である．よって，条件付き分布 $p(x|y)$ はガウス分布であり

$$p(x|y) = \mathcal{N}(x; \widetilde{\mu}, \widetilde{\sigma})$$

とおくと，式 (5.32) から

$$\widetilde{\sigma}^2 = (1 - r_{xy}^2)\sigma_x^2, \quad \widetilde{\mu} = \mu_x + \frac{\sigma_{xy}}{\sigma_y^2}(y - \mu_y)$$

のように表せる．

例 5.9

確率変数 x, y の確率分布を $p(x, y) = \mathcal{N}(x, y; \boldsymbol{\mu}, \Sigma)$ とする．このとき，周辺分布 $p(y)$ を導出する．

条件付き分布の定義 $p(x|y) = p(x, y)/p(y)$ から

$$\ln p(y) = \ln p(x, y) - \ln p(x|y)$$

である．二次元ガウス分布の定義と例 5.8 の結果を用いると，右辺の確率分布の対数はそれぞれ

$$\ln p(x, y) = -\frac{1}{2}H(x, y; \boldsymbol{\mu}, \Sigma) + C_0$$

$$\ln p(x|y) = -\frac{1}{2(1 - r_{xy}^2)\sigma_x^2}\left(x - \left(\mu_x + \frac{\sigma_{xy}}{\sigma_y^2}(y - \mu_y)\right)\right)^2 + C_1$$

のように表せる．C_0, C_1 は確率変数 x, y に無関係な項である．したがって，周辺分布 $p(y)$ の対数は

$$\ln p(y) = \ln p(x, y) - \ln p(x|y) = -\frac{1}{2\sigma_y^2}(y - \mu_y)^2 + C_2$$

のように整理することができ，C_2 は確率変数 x, y に無関係な項である．よって，周辺分布 $p(y)$ はガウス分布であり

$$p(y) = \mathcal{N}(y; \mu_y, \sigma_y)$$

のように表すことができる．

例 5.10

多くのプログラム言語では，多次元ガウス分布から乱数を生成することができる．平均ベクトルと共分散行列をそれぞれ

$$\begin{bmatrix}\mu_x\\ \mu_y\end{bmatrix}=\begin{bmatrix}1\\ 2\end{bmatrix},\quad \begin{bmatrix}\sigma_x^2 & \sigma_{xy}\\ \sigma_{xy} & \sigma_y^2\end{bmatrix}=\begin{bmatrix}1 & 0.5\\ 0.5 & 1\end{bmatrix}$$

として，二次元ガウス分布 $\mathcal{N}(x,y;\boldsymbol{\mu},\Sigma)$ から N 個の乱数を生成して散布図を作成する．$N=50,100,500,2\,000$ での散布図はつぎのようになる．

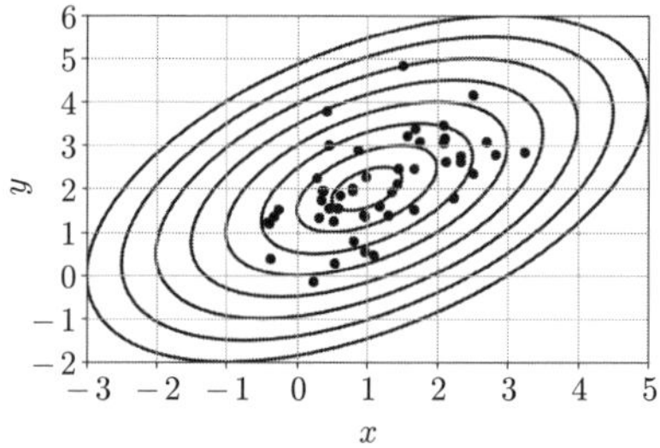

$N=50$ での散布図

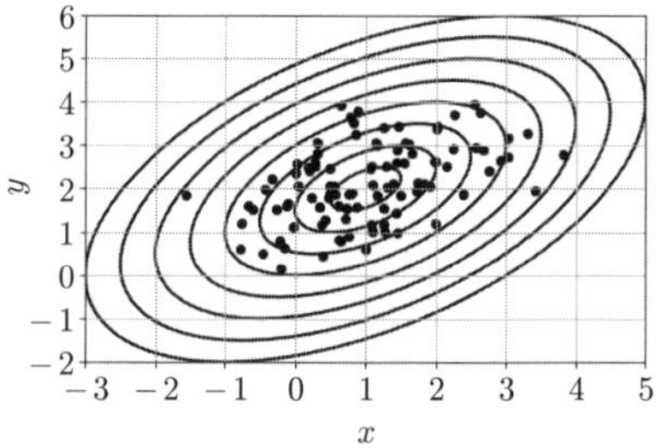

$N=100$ での散布図

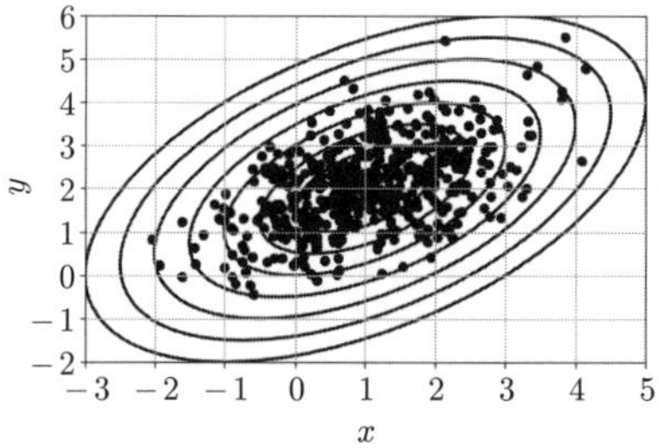

$N=500$ での散布図

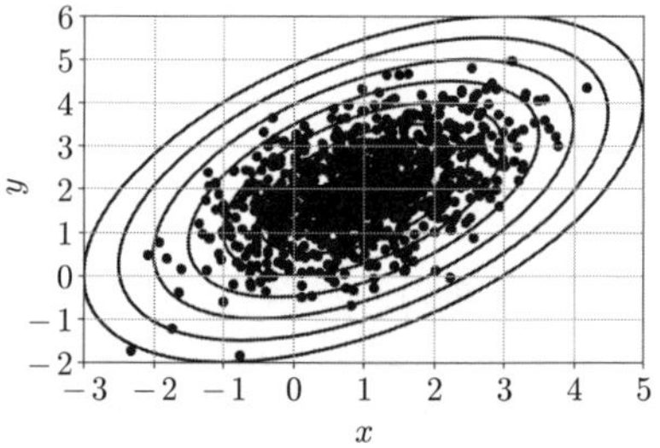

$N=2\,000$ での散布図

N の値が大きくなると，生成された乱数は二次元ガウス分布の等高線に対応するような楕円形に分布していることがわかる．

二次元ガウス分布

ガウス分布を二つの確率変数 x, y をもつ確率密度関数に拡張したもの.

$$\mathcal{N}(x, y; \boldsymbol{\mu}, \Sigma) = \frac{1}{2\pi\sigma_x\sigma_y\sqrt{1 - r_{xy}^2}} \exp\left(-\frac{1}{2}H(x, y; \boldsymbol{\mu}, \Sigma)\right)$$

指数部分は二次形式

$$\begin{aligned} &H(x, y; \boldsymbol{\mu}, \Sigma) \\ &\quad = \frac{1}{(1 - r_{xy}^2)}\left(\left(\frac{x - \mu_x}{\sigma_x}\right)^2 - 2r_{xy}\frac{x - \mu_x}{\sigma_x}\frac{y - \mu_y}{\sigma_y} + \left(\frac{y - \mu_y}{\sigma_y}\right)^2\right) \end{aligned}$$

である.

6 最 尤 推 定

6.1 最 尤 推 定

確率的モデリングの方法は，興味ある対象が確率分布（確率モデル）から生成されたものと仮定して問題の解決を目指すアプローチであった．しかしながら，対象の確率モデルが完全に設計できる場合は稀であり，カテゴリカル分布の $\boldsymbol{r}$ やガウス分布の μ, σ のように，なんらかのパラメータをもった形で確率分布を設計するのが普通である．実際に問題に取り組む際には，これらのパラメータもなにかしらの形で扱う必要がある．

確率分布のパラメータをベクトルとしてまとめて $\boldsymbol{\theta}$ と表記する．確率分布のパラメータを扱う最も基本的な方法は**最尤推定** (maximum likelihood estimation) と呼ばれるものである．確率変数 $\boldsymbol{x}$ の観測データとして実現値 $\mathbf{x}$ が得られたとき，パラメータ $\boldsymbol{\theta}$ をもつ確率分布 $p(\boldsymbol{x};\boldsymbol{\theta})$ の値は $p(\boldsymbol{x}=\mathbf{x};\boldsymbol{\theta})$ で与えられる．このとき，パラメータ $\boldsymbol{\theta}$ を変数として扱うと

$$l(\boldsymbol{\theta}) = p(\boldsymbol{x}=\mathbf{x};\boldsymbol{\theta}) \tag{6.1}$$

は $\boldsymbol{\theta}$ の関数として見ることができ，この関数 $l(\boldsymbol{\theta})$ のことを**尤度** (likelihood) と呼ぶ．最尤推定とは，尤度 $l(\boldsymbol{\theta})$ の値を最大にするパラメータ $\boldsymbol{\theta}=\widehat{\boldsymbol{\theta}}$ を確率分布 $p(\boldsymbol{x};\boldsymbol{\theta})$ のパラメータとして採用する統計的なパラメータ推定法である．確率分布の関数値 $p(\boldsymbol{x}=\mathbf{x};\boldsymbol{\theta})$ は実現値 $\boldsymbol{x}=\mathbf{x}$ の生成されやすさに関係しているため，最尤推定は実現値 $\boldsymbol{x}=\mathbf{x}$ が最も生成されやすいパラメータ設定を確率分

布のパラメータとして採用するものである.

最尤推定

観測データ $\boldsymbol{x} = \mathbf{x}$ から確率分布 $p(\boldsymbol{x};\theta)$ のパラメータ $\boldsymbol{\theta}$ を推定する方法. パラメータの推定値 $\boldsymbol{\theta} = \widehat{\boldsymbol{\theta}}$ は次式で与えられる.

$$\widehat{\boldsymbol{\theta}} = \operatorname*{argmax}_{\boldsymbol{\theta}} l(\boldsymbol{\theta}) = \operatorname*{argmax}_{\boldsymbol{\theta}} p(\boldsymbol{x} = \mathbf{x};\theta)$$

ここで, $\operatorname*{argmax}_{\boldsymbol{\theta}} f(\theta)$ は関数 $f(\theta)$ を最大にするパラメータ $\boldsymbol{\theta}$ の値を意味している.

通常, 最尤推定の方法では, 尤度 $l(\boldsymbol{\theta})$ を直接最大化するのではなく, 対数変換を施した**対数尤度** (log-likelihood)

$$L(\boldsymbol{\theta}) = \ln l(\boldsymbol{\theta}) \tag{6.2}$$

の最大化が行われる. 対数尤度の最大化のほうが計算が楽になる場合が多いのである. 対数関数は狭義単調増加な関数であるため, $L(\boldsymbol{\theta})$ を最大にする $\boldsymbol{\theta}$ と $l(\boldsymbol{\theta})$ を最大にする $\boldsymbol{\theta}$ は一致する.

また, 最尤推定の方法では, 観測データ $\mathbf{x} = [\mathrm{x}_0, \ldots, \mathrm{x}_{N-1}]$ の各データ x_n が同じ確率分布 $p(x)$ から独立に生成されたとして, 観測データ $\mathbf{x}$ を生成した確率モデル $p(\boldsymbol{x})$ を

$$p(\boldsymbol{x}) = \prod_{n=0}^{N-1} p(x_n) \tag{6.3}$$

のように仮定する場合が多い. これは**独立同分布** (independent identically distributed) の仮定と呼ばれ, この仮定をおくことで観測データ全体を生成した確率モデルを簡単に設計することができる.

例 6.1

コインの「表」を $x = 1$,「裏」を $x = 0$ にそれぞれ対応させると, コイン投げの結果は $x = 0, 1$ を実現値とする二値確率変数 x で表現できる. い

ま，1 枚のコインを投げた結果が「裏」であったとする．このとき，確率変数 x がベルヌーイ分布 $\mathcal{B}(x;r)$ に従うと仮定して，最尤推定の方法でパラメータ r の値を推定する．

このときの対数尤度は

$$L(r) = \ln \mathcal{B}(x = 0; r) = \ln r \quad (0 \leqq r \leqq 1)$$

で表される．$\ln r$ は狭義単調増加な関数であるため，$L(r)$ は $r = 1$ で最大となる．よって，最尤推定の枠組みでは，$\hat{r} = 1$ がパラメータの推定結果となる．

この最尤推定の結果を用いると，コイン投げの結果をモデル化した確率分布は

$$\mathcal{B}(x; r = 1) = \begin{cases} 1 & (x = 0) \\ 0 & (x = 1) \end{cases}$$

となる．この確率分布が生成する乱数はつねに $x = 0$ であり，これはコイン投げの結果がつねに「裏」であることを意味している．最尤推定は観測データ $x = 0$ が最も得られやすいパラメータ設定を採用する推定方針であったため，つねに「裏」が出るパラメータ設定であれば一度コインを投げたら「裏」が出たというこの観測データが得られやすいのである．この結果は一見奇妙に思えるかもしれないが，最尤推定というパラメータ推定法を選択したことによる自然な結果である．

例 6.2

$\mathrm{x} = 0, 1$ の二値をとる観測データとして $\mathbf{x} = [\mathrm{x}_0, \ldots, \mathrm{x}_{N-1}]$ が得られたとする．このとき，この観測データを生成した確率モデルを

$$p(\boldsymbol{x}) = \prod_{n=0}^{N-1} \mathcal{B}(x_n; r)$$

と仮定し，最尤推定の枠組みでパラメータ r の値を推定する．

このときの対数尤度は

$$L(r) = \ln p(\boldsymbol{x} = \mathbf{x}) = \sum_{n=1}^{N-1} \ln \mathcal{B}(x_n = \mathrm{x}_n; r)$$
$$= \sum_{n=1}^{N-1} \left(\delta(\mathrm{x}_n, 0) \ln r + \delta(\mathrm{x}_n, 1) \ln(1 - r)\right)$$

で表される．ここで，$\mathrm{x}_n = 0$ の個数を N_0，$\mathrm{x}_n = 1$ の個数を N_1 とすると，対数尤度を

$$L(r) = N_0 \ln r + N_1 \ln(1 - r) \quad (N_0 + N_1 = N)$$

のように表すことができる．$L(r)$ の最大値では，微分の値が 0 となるので

$$\frac{\mathrm{d}L}{\mathrm{d}r} = \frac{N_0}{r} - \frac{N_1}{1 - r} = 0$$

より

$$\widehat{r} = \frac{N_0}{N_0 + N_1} = \frac{N_0}{N}$$

となる．最尤推定の枠組みでは，$x = 0$ となる確率 $\widehat{r}$ は観測データ $\mathbf{x}$ に含まれる実現値 $\mathrm{x}_n = 0$ の割合となるのである．

最尤推定

確率モデルのパラメータを観測データ $\mathbf{x}$ から推定する方法．対数尤度を最大にするパラメータ $\widehat{\boldsymbol{\theta}}$ が推定パラメータとなる．

$$\widehat{\boldsymbol{\theta}} = \underset{\boldsymbol{\theta}}{\operatorname{argmax}}\, L(\boldsymbol{\theta})$$

6.2　カテゴリカル分布での最尤推定

カテゴリカル分布

$$\mathcal{C}(x;\boldsymbol{r}) = \prod_{k=0}^{K-1} r_k^{\delta(x,k)} \tag{6.4}$$

を仮定した場合の最尤推定について考える．N 個の観測データ $\mathbf{x} = [\mathrm{x}_0, \ldots, \mathrm{x}_{N-1}]$ を生成した確率分布を

$$p(\boldsymbol{x};\boldsymbol{r}) = \prod_{n=0}^{N-1} \mathcal{C}(x_n;\boldsymbol{r}) \tag{6.5}$$

と仮定すると，このときの対数尤度は

$$L(\boldsymbol{r}) = \ln p(\boldsymbol{x} = \mathbf{x};\boldsymbol{r}) = \sum_{n=0}^{N-1}\sum_{k=0}^{K-1} \delta(\mathrm{x}_n, k) \ln r_k \tag{6.6}$$

のように表すことができる．

最尤推定の方法は対数尤度 $L(\boldsymbol{r})$ を最大にするパラメータ設定を求めるものであったが，カテゴリカル分布には

$$r_0 + \cdots + r_{K-1} = 1 \tag{6.7}$$

の制約があるため，この制約条件のもとで対数尤度 $L(\boldsymbol{r})$ の最大化を行う必要がある．このような等式制約をもつ関数の最大化問題では，**ラグランジュの未定乗数法** (method of Lagrange multiplier) が有効である．

ラグランジュの未定乗数法

N 変数関数 $f(\boldsymbol{x})$ を最大化または最小化する問題を制約条件 $g(\boldsymbol{x}) = 0$ のもとで考える．このとき，未定定数 λ を導入してラグランジアンと呼ばれる関数 $\mathcal{L}(\boldsymbol{x})$ を

$$\mathcal{L}(\boldsymbol{x}, \lambda) = f(\boldsymbol{x}) - \lambda g(\boldsymbol{x})$$

のように定義すると，制約 $g(\boldsymbol{x})$ のもとでの関数 $f(\boldsymbol{x})$ の極値では

$$\frac{\partial \mathcal{L}}{\partial x_n} = \frac{\partial f}{\partial x_n} - \lambda \frac{\partial g}{\partial x_n} = 0, \quad \frac{\partial \mathcal{L}}{\partial \lambda} = g(\boldsymbol{x}) = 0$$

が成り立つ．

ラグランジュの未定乗数法を用いると，対数尤度のラグランジアンは

$$\begin{aligned}\mathcal{L}(\boldsymbol{r}, \lambda) &= L(\boldsymbol{r}) - \lambda \left(\sum_{k=0}^{K-1} r_k - 1 \right) \\ &= \sum_{n=0}^{N-1} \sum_{k=0}^{K-1} \delta(\mathrm{x}_n, k) \ln r_k - \lambda \left(\sum_{k=0}^{K-1} r_k - 1 \right) \end{aligned} \tag{6.8}$$

のように表される．対数尤度の最大値では，ラグランジアンの偏微分が 0 になるので

$$\frac{\partial \mathcal{L}}{\partial r_k} = \sum_{n=0}^{N-1} \frac{\delta(\mathrm{x}_n, k)}{r_k} - \lambda = 0 \tag{6.9}$$

$$\frac{\partial \mathcal{L}}{\partial \lambda} = \sum_{k=0}^{K-1} r_k - 1 = 0 \tag{6.10}$$

となり，これらの式を解くとパラメータ $\boldsymbol{r} = [r_0, \ldots, r_{K-1}]$ の推定値は

$$\widehat{r}_k = \frac{N_k}{N} \quad \left(N_k = \sum_{n=0}^{N-1} \delta(\mathrm{x}_n, k) \right) \tag{6.11}$$

のように計算できる．ここで，N_k は観測データ $\mathbf{x}$ に含まれる実現値 $\mathrm{x}_n = k$ の個数である．このように，最尤推定の枠組みでは，$x = k$ となる確率に対応するカテゴリカル分布のパラメータ r_k の値は観測データに含まれる実現値 $\mathrm{x}_n = k$ の割合となる．

例 6.3

$\mathrm{x} = 0,1,3$ の三値をとる観測データとして $\mathbf{x} = [\ 2,\ 1,\ 0,\ 1,\ 1,\ 2,\ 0,\ 1,\ 0,\ 0\ ]$ が得られたとする．この観測データを生成した確率モデルを $K=3$ のカテゴリカル分布を用いて

$$p(\boldsymbol{x}) = \prod_{n=0}^{N-1} \mathcal{C}(x_n; \boldsymbol{r})$$

のように仮定したとき，最尤推定の枠組みでパラメータ $\boldsymbol{r}$ を推定する．

観測データの数は $N=10$ であり，各実現値 $0,1,2$ の数はそれぞれ

$$N_0 = 4, \quad N_1 = 4, \quad N_2 = 2$$

であるので，式 (6.11) を用いると，最尤推定での推定パラメータはそれぞれ

$$\widehat{r}_0 = \frac{4}{10}, \quad \widehat{r}_1 = \frac{4}{10}, \quad \widehat{r}_2 = \frac{2}{10}$$

となる．

カテゴリカル分布での最尤推定

カテゴリカル分布 $\mathcal{C}(x; \boldsymbol{r})$ では，最尤推定の結果は各実現値の割合で与えられる．

$$\widehat{r}_k = \frac{N_k}{N} \quad \left(N_k = \sum_{n=0}^{N-1} \delta(\mathrm{x}_n, k) \right)$$

6.3 ガウス分布での最尤推定

ガウス分布

$$\mathcal{N}(x; \mu, \sigma) = \frac{1}{\sqrt{2\pi\sigma^2}} \exp\left(-\frac{1}{2\sigma^2}(x-\mu)^2 \right) \tag{6.12}$$

を仮定した場合の最尤推定について考える．N 個の観測データ $\mathbf{x} = [\mathrm{x}_0, \ldots, \mathrm{x}_{N-1}]$ を生成した確率分布を

$$p(\boldsymbol{x}; \mu, \sigma) = \prod_{n=0}^{N-1} \mathcal{N}(x; \mu, \sigma) \tag{6.13}$$

と仮定すると，このときの対数尤度は

$$\begin{aligned} L(\mu, \sigma) &= \ln p(\boldsymbol{x} = \mathbf{x}; \mu, \sigma) \\ &= -\frac{1}{2\sigma^2} \sum_{n=0}^{N-1} (\mathrm{x}_n - \mu)^2 - \frac{N}{2} \ln \sigma^2 - \frac{N}{2} \ln 2\pi \end{aligned} \tag{6.14}$$

のようになる．対数尤度の最大値では，偏微分の値が 0 になるので，それぞれの偏微分を計算すると

$$\frac{\partial L}{\partial \mu} = \frac{1}{\sigma^2} \sum_{n=0}^{N-1} (\mathrm{x}_n - \mu) = 0 \tag{6.15}$$

$$\frac{\partial L}{\partial \sigma^2} = \frac{1}{2(\sigma^2)^2} \sum_{n=0}^{N-1} (\mathrm{x}_n - \mu)^2 - \frac{N}{2\sigma^2} = 0 \tag{6.16}$$

が得られ，これらの式を解くとパラメータ μ, σ の推定値は

$$\widehat{\mu} = \frac{1}{N} \sum_{n=0}^{N-1} \mathrm{x}_n \tag{6.17}$$

$$\widehat{\sigma}^2 = \frac{1}{N} \sum_{n=0}^{N-1} (\mathrm{x}_n - \widehat{\mu})^2 \tag{6.18}$$

となる．よって，最尤推定の枠組みでは，ガウス分布のパラメータ μ, σ はそれぞれ標本平均と標本標準偏差となる．

例 6.4

観測データとして $\mathbf{x} = [\ 4.2,\ 3.3,\ 4,\ 1.5,\ 3.1,\ 1.9\ ]$ が得られたとする．この観測データを生成した確率モデルを

$$p(\boldsymbol{x}) = \prod_{n=0}^{6} \mathcal{N}(x_n; \mu, \sigma)$$

と仮定し，最尤推定の枠組みでパラメータ μ, σ を推定する．

式 (6.17), (6.18) から，最尤推定の結果は標本平均と標本分散になるので，パラメータの推定値はそれぞれ

$$\widehat{\mu} = \frac{1}{6}(4.2 + 3.3 + 4 + 1.5 + 3.1 + 1.9) = 3$$
$$\widehat{\sigma}^2 = \frac{1}{6}\bigl((4.2-3)^2 + (3.3-3)^2 + (4-3)^2 + (1.5-3)^2 + (3.1-3)^2 + (1.9-3)^2\bigr) = 1$$

となる．

ガウス分布での最尤推定

ガウス分布 $\mathcal{N}(x; \mu, \sigma)$ では，最尤推定の結果は標本平均と標本標準偏差で与えられる．

$$\widehat{\mu} = \frac{1}{N}\sum_{n=0}^{N-1} \mathrm{x}_n, \quad \widehat{\sigma}^2 = \frac{1}{N}\sum_{n=0}^{N-1} (\mathrm{x}_n - \widehat{\mu})^2$$

6.4　二次元ガウス分布での最尤推定

二次元ガウス分布

$$\mathcal{N}(x, y; \boldsymbol{\mu}, \Sigma) = \frac{1}{2\pi\sigma_x\sigma_y\sqrt{1 - r_{xy}^2}} \exp\left(-\frac{1}{2}H(x, y; \boldsymbol{\mu}, \Sigma)\right) \tag{6.19}$$

を仮定した場合の最尤推定について考える．二次元ガウス分布の指数部分は二次形式

$$H(x, y; \boldsymbol{\mu}, \Sigma)$$

$$= \frac{1}{(1-r_{xy}^2)}\left(\left(\frac{x-\mu_x}{\sigma_x}\right)^2 - 2r_{xy}\frac{x-\mu_x}{\sigma_x}\frac{y-\mu_y}{\sigma_y} + \left(\frac{y-\mu_y}{\sigma_y}\right)^2\right)$$
$$= \frac{1}{\sigma_x^2\sigma_y^2-\sigma_{xy}^2}\left(\sigma_y^2(x-\mu_x)^2 - 2\sigma_{xy}(x-\mu_x)(y-\mu_y) + \sigma_x^2(y-\mu_y)^2\right) \tag{6.20}$$

である．N 個の観測データ $[(\mathrm{x}_0, \mathrm{y}_0), \ldots, (\mathrm{x}_{N-1}, \mathrm{y}_{N-1})]$ を生成した確率分布を

$$p(\boldsymbol{x}, \boldsymbol{y}; \boldsymbol{\mu}, \Sigma) = \prod_{n=0}^{N-1} \mathcal{N}(x_n, y_n; \boldsymbol{\mu}, \Sigma) \tag{6.21}$$

と仮定すると，このときの対数尤度は

$$L(\boldsymbol{\mu}, \Sigma)$$
$$= -\frac{1}{2}\sum_{n=0}^{N-1} H(\mathrm{x}_n, \mathrm{y}_n; \boldsymbol{\mu}, \Sigma) - \frac{N}{2}\ln\left(\sigma_x^2\sigma_y^2 - \sigma_{xy}^2\right) - N\ln(2\pi) \tag{6.22}$$

のように表される．対数尤度の最大値では偏微分の値が 0 になるので，それぞれの偏微分を計算して五つの関係式

$$\frac{\partial L}{\partial \mu_x} = 0, \quad \frac{\partial L}{\partial \mu_y} = 0, \quad \frac{\partial L}{\partial \sigma_x^2} = 0, \quad \frac{\partial L}{\partial \sigma_y^2} = 0, \quad \frac{\partial L}{\partial \sigma_{xy}} = 0 \tag{6.23}$$

を解くと，パラメータの推定値

$$\widehat{\mu}_x = \frac{1}{N}\sum_{n=0}^{N-1} \mathrm{x}_n \tag{6.24}$$

$$\widehat{\mu}_y = \frac{1}{N}\sum_{n=0}^{N-1} \mathrm{y}_n \tag{6.25}$$

$$\widehat{\sigma}_x^2 = \frac{1}{N}\sum_{n=0}^{N-1} (\mathrm{x}_n - \widehat{\mu}_x)^2 \tag{6.26}$$

$$\widehat{\sigma}_y^2 = \frac{1}{N}\sum_{n=0}^{N-1} (\mathrm{y}_n - \widehat{\mu}_y)^2 \tag{6.27}$$

$$\widehat{\sigma}_{xy} = \frac{1}{N}\sum_{n=0}^{N-1}(\mathrm{x}_n - \widehat{\mu}_x)(\mathrm{y}_n - \widehat{\mu}_y) \tag{6.28}$$

が得られる．したがって，最尤推定の枠組みでは，二次元ガウス分布のパラメータ μ_x, μ_y と σ_x, σ_y はそれぞれの項目の標本平均と標本標準偏差となり，σ_{xy} が標本共分散となるため，パラメータ r_{xy} は標本相関係数で与えられる．

例 6.5

観測データとして $\mathbf{x} = [\ 1.4,\ 3.2,\ 0.9,\ 2.7,\ 1.5,\ 2.3\ ]$，$\mathbf{y} = [\ 3.4,\ 5.2,\ 5.1,\ 3.3,\ 4.5,\ 2.5\ ]$ が得られたとする．この観測データを生成した確率モデルを

$$p(\boldsymbol{x}) = \prod_{n=0}^{6}\mathcal{N}(x_n, y_n; \boldsymbol{\mu}, \Sigma)$$

と仮定し，最尤推定の枠組みでパラメータ $\mu_x, \mu_y, \sigma_x, \sigma_y, \sigma_{xy}$ を推定する．

式 (6.24)〜(6.27) から，パラメータ $\mu_x, \mu_y, \sigma_x^2, \sigma_y^2$ の推定結果は標本平均と標本分散になるので，これらのパラメータはそれぞれ

$$\begin{aligned}
\widehat{\mu}_x &= \frac{1}{6}(1.4 + 3.2 + 0.9 + 2.7 + 1.5 + 2.3) = 2\\
\widehat{\mu}_y &= \frac{1}{6}(3.4 + 5.2 + 5.1 + 3.3 + 4.5 + 2.5) = 4\\
\widehat{\sigma}_x^2 &= \frac{1}{6}\bigl((1.4-2)^2 + (3.2-2)^2 + (0.9-2)^2 + (2.7-2)^2 + (1.5-2)^2\\
&\qquad + (2.3-2)^2\bigr) = 0.64\\
\widehat{\sigma}_y^2 &= \frac{1}{6}\bigl((3.4-4)^2 + (5.2-4)^2 + (5.1-4)^2 + (3.3-4)^2 + (4.5-4)^2\\
&\qquad + (2.5-4)^2\bigr) = 1
\end{aligned}$$

のように推定される．また，共分散 σ_{xy} の推定結果は標本共分散となるので

$$\begin{aligned}
\widehat{\sigma}_{xy} &= \frac{1}{6}\bigl((1.4-2)(3.4-4) + (3.2-2)(5.2-4) + (0.9-2)(5.1-4)\\
&\qquad +(2.7-2)(3.3-4) + (1.5-2)(4.5-4) + (2.3-2)(2.5-4)\bigr)
\end{aligned}$$

$$= -0.1$$

と計算でき，パラメータ $\widehat{r}_{xy}$ は

$$\widehat{r}_{xy} = \frac{-0.1}{\sqrt{0.64} \times \sqrt{1}} = -0.125$$

となる．

二次元ガウス分布での最尤推定

二次元ガウス分布 $\mathcal{N}(x, y; \boldsymbol{\mu}, \Sigma)$ では，最尤推定の結果は標本平均と標本標準偏差，標本共分散で与えられる．

$$\widehat{\mu}_x = \frac{1}{N}\sum_{n=0}^{N-1} \mathrm{x}_n, \quad \widehat{\sigma}_x^2 = \frac{1}{N}\sum_{n=0}^{N-1} (\mathrm{x}_n - \widehat{\mu}_x)^2$$

$$\widehat{\mu}_y = \frac{1}{N}\sum_{n=0}^{N-1} \mathrm{y}_n, \quad \widehat{\sigma}_y^2 = \frac{1}{N}\sum_{n=0}^{N-1} (\mathrm{y}_n - \widehat{\mu}_y)^2$$

$$\widehat{\sigma}_{xy} = \frac{1}{N}\sum_{n=0}^{N-1} (\mathrm{x}_n - \widehat{\mu}_x)(\mathrm{y}_n - \widehat{\mu}_y)$$

6.5 最尤推定と KL 情報量

二つの確率分布の違いは**カルバック-ライブラ情報量** (Kullback-Leibler divergence) によって測ることができる．カルバック-ライブラ情報量は **KL 情報量**とも略され，つぎのように定義される．

カルバック-ライブラ情報量

二つの確率分布 $p(\boldsymbol{x}), q(\boldsymbol{x})$ に対して，$p(\boldsymbol{x})$ から $q(\boldsymbol{x})$ へのカルバック-ライブラ情報量 $\mathrm{KL}[p(\boldsymbol{x}), q(\boldsymbol{x})]$ は次式で定義される．

$$\mathrm{KL}[p(\boldsymbol{x}), q(\boldsymbol{x})] = \int p(\boldsymbol{x}) \ln \left(\frac{p(\boldsymbol{x})}{q(\boldsymbol{x})} \right) \mathrm{d}\boldsymbol{x}$$

KL 情報量には，つぎの二つの性質がある．

(a) 非負性：KL 情報量はつねに非負である．

$$\mathrm{KL}[p(\boldsymbol{x}), q(\boldsymbol{x})] \geqq 0 \tag{6.29}$$

(b) 同一性：KL 情報量が 0 であることと $p(\boldsymbol{x}) = q(\boldsymbol{x})$ は同値である．

$$\mathrm{KL}[p(\boldsymbol{x}), q(\boldsymbol{x})] = 0 \ \Leftrightarrow\ p(\boldsymbol{x}) = q(\boldsymbol{x}) \tag{6.30}$$

KL 情報量は $p(\boldsymbol{x}) \neq q(\boldsymbol{x})$ のときに正の値をとり，$p(\boldsymbol{x}) = q(\boldsymbol{x})$ のときに 0 となるので，二つの確率分布の違いを測る「距離」のようなものとしてよく扱われる．しかしながら，対称性や三角不等式を満たさないため，数学的には距離とはみなせないことに注意が必要である．

最尤推定の方法は，観測データの分布に KL 情報量の意味で最も近くなるパラメータを採用する方法であると考えることもできる．観測データ $\mathbf{x} = [\mathrm{x}_0, \ldots, \mathrm{x}_{N-1}]$ の確率分布 $p_d(x; \mathbf{x})$ は

$$p_d(x; \mathbf{x}) = \frac{1}{N} \sum_{n=0}^{N-1} \delta(x - \mathrm{x}_n) \tag{6.31}$$

のように表すことができる．ここで，$\delta(x-a)$ は**ディラックのデルタ関数** (Dirac delta function) であり

$$\delta(x-a) = \begin{cases} +\infty & (x = a) \\ 0 & (x \neq a) \end{cases} \tag{6.32}$$

および任意の関数 $f(x)$ に対して

$$\int f(x)\delta(x-a)\,\mathrm{d}x = f(a) \tag{6.33}$$

である．特に，定数関数 $f(x)=1$ の場合を考えると

$$\int \delta(x-a)\,\mathrm{d}x = 1 \tag{6.34}$$

となる．すなわち，観測データの分布 $p_d(x;\mathrm{x})$ は観測データ $\mathrm{x}_n (n=0,\ldots,N-1)$ のみを生成する確率分布である．

いま，パラメータ $\boldsymbol{\theta}$ をもつ確率モデル $p(x;\boldsymbol{\theta})$ に対して，$p_d(x;\mathrm{x})$ から $p(x;\boldsymbol{\theta})$ への KL 情報量は

$$\begin{aligned}\mathrm{KL}[p_d(x;\mathbf{x}),p(x;\boldsymbol{\theta})] &= \int p_d(x;\mathbf{x}) \ln \frac{p_d(x;\mathbf{x})}{p(x;\boldsymbol{\theta})}\,\mathrm{d}x \\ &= -\frac{1}{N}L(\boldsymbol{\theta}) + \mathrm{Const.}\end{aligned} \tag{6.35}$$

のように表される．ここで，$L(\boldsymbol{\theta})$ は独立同分布性を仮定した対数尤度

$$L(\boldsymbol{\theta}) = \sum_{n=0}^{N-1} \ln p(x=\mathrm{x}_n;\boldsymbol{\theta}) = \ln\left(\prod_{n=0}^{N-1} p(x=\mathrm{x}_n;\boldsymbol{\theta})\right) \tag{6.36}$$

であり，Const. はパラメータ $\boldsymbol{\theta}$ に無関係な項である．このとき，KL 情報量を最小にするパラメータ $\widehat{\boldsymbol{\theta}}$ を考えると

$$\widehat{\boldsymbol{\theta}} = \underset{\boldsymbol{\theta}}{\operatorname{argmin}}\, \mathrm{KL}[p_d(x;\mathbf{x}),p(x;\boldsymbol{\theta})] = \underset{\boldsymbol{\theta}}{\operatorname{argmax}}\, L(\boldsymbol{\theta}) \tag{6.37}$$

となり，観測データの分布 $p_d(x;\mathbf{x})$ からの KL 情報量を最小にするパラメータと対数尤度を最大にするパラメータは一致することがわかる．

最尤推定と KL 情報量

最尤推定の方法は観測データの分布 $p_d(x;\mathbf{x})$ から確率モデル $p(x;\boldsymbol{\theta})$ への KL 情報量を最小にするパラメータを求める方法と解釈することもできる．

6.6 EMアルゴリズム

パラメータ $\boldsymbol{\theta}$ をもつ確率モデル $p(\boldsymbol{x},\boldsymbol{z};\boldsymbol{\theta})$ において，観測データが $\boldsymbol{x}=\mathbf{x}$ の

ように片方の確率変数のみについて得られた場合での最尤推定を考える．このような状況下で最尤推定を行うには，周辺分布 $p(\boldsymbol{x};\boldsymbol{\theta})$ を考え，この周辺分布に対する対数尤度

$$L(\boldsymbol{\theta}) = \ln p(\boldsymbol{x}=\mathrm{x};\boldsymbol{\theta}) = \ln\left(\int p(\boldsymbol{x}=\mathrm{x},\boldsymbol{z};\boldsymbol{\theta})\,\mathrm{d}\boldsymbol{z}\right) \tag{6.38}$$

の最大化を考えることとなる．しかしながら，周辺化の計算で得られる周辺分布は確率分布の式が複雑になりやすく，結果として最尤推定に特別な処理が必要になる場合が多い．このような周辺化の計算を伴う最尤推定では，**期待値最大化アルゴリズム** (expectation-maximization algorithm) と呼ばれる方法が有効である．この方法は **EM アルゴリズム**とも呼ばれ，対数尤度の最大化を直接行うのではなく，Q 関数と呼ばれる別の関数を最大化することで間接的に対数尤度の最大化を行っていく．

EM アルゴリズムの中心となるのは，つぎの**イェンセンの不等式** (Jensen's inequality) である．

対数関数に対するイェンセンの不等式

関数 $f(\boldsymbol{x}) > 0$ と確率分布 $q(\boldsymbol{x})$ に関してつぎの不等式が成り立つ．

$$\int q(\boldsymbol{x}) \ln f(\boldsymbol{x})\,\mathrm{d}\boldsymbol{x} \leqq \ln\left(\int q(\boldsymbol{x}) f(\boldsymbol{x})\,\mathrm{d}\boldsymbol{x}\right)$$

イェンセンの不等式は期待値の表記を用いて

$$\mathbb{E}_q[\ln f(\boldsymbol{x})] \leqq \ln \mathbb{E}_q[f(\boldsymbol{x})] \tag{6.39}$$

のように表すこともできる．ここで，$\mathbb{E}_q[g(\boldsymbol{x})]$ は確率分布 $q(\boldsymbol{x})$ での関数 $g(\boldsymbol{x})$ の期待値である．イェンセンの不等式を用いると式 (6.38) の対数尤度は

$$\begin{aligned}L(\boldsymbol{\theta}) &= \ln\left(\int p(\boldsymbol{x}=\mathrm{x},\boldsymbol{z};\boldsymbol{\theta})\,\mathrm{d}\boldsymbol{z}\right)\\ &= \ln\left(\int q(\boldsymbol{z})\frac{p(\boldsymbol{x}=\mathrm{x},\boldsymbol{z};\boldsymbol{\theta})}{q(\boldsymbol{z})}\,\mathrm{d}\boldsymbol{z}\right)\end{aligned}$$

$$
\begin{aligned}
&\geqq \int q(\boldsymbol{z}) \ln\left(\frac{p(\boldsymbol{x}=\mathbf{x},\boldsymbol{z};\boldsymbol{\theta})}{q(\boldsymbol{z})}\right) \mathrm{d}\boldsymbol{z} \\
&= \int q(\boldsymbol{z}) \ln\left(\frac{p(\boldsymbol{z}|\boldsymbol{x}=\mathbf{x};\boldsymbol{\theta})p(\boldsymbol{x}=\mathbf{x};\boldsymbol{\theta})}{q(\boldsymbol{z})}\right) \mathrm{d}\boldsymbol{z} \\
&= L(\boldsymbol{\theta}) - \mathrm{KL}[q(\boldsymbol{z}), p(\boldsymbol{z}|\boldsymbol{x}=\mathbf{x};\boldsymbol{\theta})]
\end{aligned} \tag{6.40}
$$

のように表すことができる．KL 情報量は非負であるから一見あたりまえの不等式に見えるが，この不等式を利用することで，対数尤度を効率的に最大化する方法を導出することができる．

パラメータがある値 $\boldsymbol{\theta}=\boldsymbol{\theta}^{(t)}$ の場合の条件付き分布 $p(\boldsymbol{z}|\boldsymbol{x}=\mathbf{x};\boldsymbol{\theta}^{(t)})$ を $q(\boldsymbol{z})$ とすると，式 (6.40) の不等式の右辺は

$$
\begin{aligned}
\mathrm{LB}(\boldsymbol{\theta};\boldsymbol{\theta}^{(t)}) &= L(\boldsymbol{\theta}) - \mathrm{KL}[p(\boldsymbol{z}|\boldsymbol{x}=\mathbf{x};\boldsymbol{\theta}^{(t)}), p(\boldsymbol{z}|\boldsymbol{x}=\mathbf{x};\boldsymbol{\theta})] \\
&= \int p(\boldsymbol{z}|\boldsymbol{x}=\mathbf{x};\boldsymbol{\theta}^{(t)}) \ln p(\boldsymbol{x}=\mathbf{x},\boldsymbol{z};\boldsymbol{\theta})\, \mathrm{d}\boldsymbol{z} + \mathrm{Const.}
\end{aligned} \tag{6.41}
$$

のように表される．Const. はパラメータ $\boldsymbol{\theta}$ に依存しない項である．$\mathrm{LB}(\boldsymbol{\theta};\boldsymbol{\theta}^{(t)})$ の定義から

$$
L(\boldsymbol{\theta}) \geqq \mathrm{LB}(\boldsymbol{\theta};\boldsymbol{\theta}^{(t)}) \tag{6.42}
$$

であり，等号は $\boldsymbol{\theta}=\boldsymbol{\theta}^{(t)}$ のときに成立する．ここで，関数 $\mathrm{LB}(\boldsymbol{\theta};\boldsymbol{\theta}^{(t)})$ を最大にする $\boldsymbol{\theta}$ を

$$
\boldsymbol{\theta}^{(t+1)} = \operatorname*{argmax}_{\boldsymbol{\theta}} \mathrm{LB}(\boldsymbol{\theta};\boldsymbol{\theta}^{(t)}) \tag{6.43}
$$

とおくと，式 (6.42) の不等式から

$$
L(\boldsymbol{\theta}^{(t)}) = \mathrm{LB}(\boldsymbol{\theta}^{(t)};\boldsymbol{\theta}^{(t)}) \leqq \mathrm{LB}(\boldsymbol{\theta}^{(t+1)};\boldsymbol{\theta}^{(t)}) \leqq L(\boldsymbol{\theta}^{(t+1)}) \tag{6.44}
$$

なる不等式関係を得ることができる．すなわち，$\mathrm{LB}(\boldsymbol{\theta};\boldsymbol{\theta}^{(t)})$ を最大にするパラメータ値 $\boldsymbol{\theta}^{(t+1)}$ を用いることで，対数尤度の値を $L(\boldsymbol{\theta}^{(t)})$ より大きくすること

ができるのである．この操作を繰り返すことで，適当なパラメータ値 $\boldsymbol{\theta} = \boldsymbol{\theta}^{(0)}$ からはじめて

$$L(\boldsymbol{\theta}^{(0)}) \leqq L(\boldsymbol{\theta}^{(1)}) \leqq L(\boldsymbol{\theta}^{(2)}) \leqq \cdots \leqq L(\boldsymbol{\theta}^{(t)}) \leqq \cdots \tag{6.45}$$

となるようなパラメータ列 $\boldsymbol{\theta}^{(0)}, \boldsymbol{\theta}^{(1)}, \boldsymbol{\theta}^{(2)}, \ldots$ を得ることができ，関数 $\mathrm{LB}(\boldsymbol{\theta}; \boldsymbol{\theta}^{(t)})$ の最大化が間接的に対数尤度 $L(\boldsymbol{\theta})$ を大きくする操作に対応していることがわかる．このように，関数 $\mathrm{LB}(\boldsymbol{\theta}; \boldsymbol{\theta}^{(t)})$ の最大化を繰り返すことで，対数尤度 $L(\boldsymbol{\theta})$ を大きくするパラメータを計算する方法が EM アルゴリズムと呼ばれるパラメータ推定法である．

式 (6.41) の関数 $\mathrm{LB}(\boldsymbol{\theta}; \boldsymbol{\theta}^{(t)})$ の定義から，$\mathrm{LB}(\boldsymbol{\theta}; \boldsymbol{\theta}^{(t)})$ の最大化はつぎの Q 関数

$$Q(\boldsymbol{\theta}; \boldsymbol{\theta}^{(t)}) = \int p(\boldsymbol{z} | \boldsymbol{x} = \mathbf{x}; \boldsymbol{\theta}^{(t)}) \ln p(\boldsymbol{x} = \mathbf{x}, \boldsymbol{z}; \boldsymbol{\theta}) \, \mathrm{d}\boldsymbol{z} \tag{6.46}$$

の最大化と等価であることがわかる．したがって，関数 $\mathrm{LB}(\boldsymbol{\theta}; \boldsymbol{\theta}^{(t)})$ を繰り返し最大化する EM アルゴリズムの手順は，つぎの二つの計算の繰り返しとしてまとめることができる．

(i) 期待値計算：式 (6.46) の関数 $Q(\boldsymbol{\theta}; \boldsymbol{\theta}^{(t)})$ を計算する．

(ii) 最大化計算：Q 関数を最大にするパラメータ $\boldsymbol{\theta}^{(t+1)}$ を推定する．

この二つの操作をパラメータ $\boldsymbol{\theta}$ の値が収束するまで繰り返すことで，対数尤度の値の大きなパラメータ値を得ることができる．

EM アルゴリズム

対数尤度に周辺化の計算が含まれる場合に効率的に最尤推定を行うための方法．Q 関数の最大化を繰り返すことで，対数尤度の値を大きくしていく．

$$Q(\boldsymbol{\theta}; \boldsymbol{\theta}^{(t)}) = \int p(\boldsymbol{z} | \boldsymbol{x} = \mathbf{x}; \boldsymbol{\theta}^{(t)}) \ln p(\boldsymbol{x} = \mathbf{x}, \boldsymbol{z}; \boldsymbol{\theta}) \, \mathrm{d}\boldsymbol{z}$$

6.7 混合ガウス分布での最尤推定

混合ガウス分布

$$\mathcal{M}(x;\boldsymbol{\mu},\boldsymbol{\sigma},\boldsymbol{r}) = \sum_{k=0}^{K-1} r_k \mathcal{N}(x;\mu_k,\sigma_k) \tag{6.47}$$

を仮定した場合の最尤推定について考える．N 個の観測データ $\mathbf{x} = [\mathrm{x}_0,\ldots,\mathrm{x}_{N-1}]$ を生成した確率モデルを独立同分布性を仮定して

$$p(\boldsymbol{x};\boldsymbol{\mu},\boldsymbol{\sigma},\boldsymbol{r}) = \prod_{n=0}^{N-1} \mathcal{M}(x_n;\boldsymbol{\mu},\boldsymbol{\sigma},\boldsymbol{r}) \tag{6.48}$$

と設計する．混合ガウス分布はカテゴリカル分布とガウス分布を組み合わせた結合分布

$$p(x,z;\boldsymbol{\mu},\boldsymbol{\sigma},\boldsymbol{r}) = \prod_{k=0}^{K-1} \left(r_k \mathcal{N}(x;\mu_k,\sigma_k)\right)^{\delta(z,k)} \tag{6.49}$$

の周辺分布として

$$\sum_{z=0}^{K-1} p(x,z;\boldsymbol{\mu},\boldsymbol{\sigma},\boldsymbol{r}) = \mathcal{M}(x;\boldsymbol{\mu},\boldsymbol{\sigma},\boldsymbol{r}) \tag{6.50}$$

のように表すことができるため，式 (6.48) の確率モデルは

$$\begin{aligned} p(\boldsymbol{x},\boldsymbol{z};\boldsymbol{\mu},\boldsymbol{\sigma},\boldsymbol{r}) &= \prod_{n=0}^{N-1} p(x_n,z_n;\boldsymbol{\mu},\boldsymbol{\sigma},\boldsymbol{r}) \\ &= \prod_{n=0}^{N-1}\prod_{k=0}^{K-1} \left(r_k \mathcal{N}(x_n;\mu_k,\sigma_k)\right)^{\delta(z_n,k)} \end{aligned} \tag{6.51}$$

を用いて

$$\begin{aligned} p(\boldsymbol{x};\boldsymbol{\mu},\boldsymbol{\sigma},\boldsymbol{r}) &= \sum_{\boldsymbol{z}} p(\boldsymbol{x},\boldsymbol{z};\boldsymbol{\mu},\boldsymbol{\sigma},\boldsymbol{r}) \\ &= \sum_{\boldsymbol{z}} \prod_{n=0}^{N-1}\prod_{k=0}^{K-1} \left(r_k \mathcal{N}(x_n;\mu_k,\sigma_k)\right)^{\delta(z_n,k)} \end{aligned} \tag{6.52}$$

のように表すこともできる．したがって，観測データ $\mathbf{x} = [\mathrm{x}_0, \ldots, \mathrm{x}_{N-1}]$ が得られたときの対数尤度は

$$L(\boldsymbol{\mu}, \boldsymbol{\sigma}, \boldsymbol{r}) = \ln p(\boldsymbol{x} = \mathbf{x}; \boldsymbol{\mu}, \boldsymbol{\sigma}, \boldsymbol{r}) = \ln \sum_{\boldsymbol{z}} p(\boldsymbol{x} = \mathbf{x}, \boldsymbol{z}; \boldsymbol{\mu}, \boldsymbol{\sigma}, \boldsymbol{r}) \tag{6.53}$$

のようになり，混合ガウス分布での対数尤度は周辺化の計算を含んだものになる．

対数尤度に周辺化の計算を含む場合の最尤推定では，EM アルゴリズムが有効である．EM アルゴリズムでは，Q 関数の最大化を繰り返すことで最尤推定の計算を行う．まず，混合ガウス分布のパラメータを $\boldsymbol{\mu} = \boldsymbol{\mu}^{(t)}, \boldsymbol{\sigma} = \boldsymbol{\sigma}^{(t)}, \boldsymbol{r} = \boldsymbol{r}^{(t)}$ に固定したときの事後分布は

$$\begin{aligned} p(\boldsymbol{z}|\boldsymbol{x} = \mathbf{x}; \boldsymbol{\mu}^{(t)}, \boldsymbol{\sigma}^{(t)}, \boldsymbol{r}^{(t)}) &= \frac{p(\boldsymbol{x} = \mathbf{x}, \boldsymbol{z}; \boldsymbol{\mu}^{(t)}, \boldsymbol{\sigma}^{(t)}, \boldsymbol{r}^{(t)})}{p(\boldsymbol{x} = \mathbf{x}; \boldsymbol{\mu}^{(t)}, \boldsymbol{\sigma}^{(t)}, \boldsymbol{r}^{(t)})} \\ &= \prod_{n=0}^{N-1} \mathcal{C}(z_n; \boldsymbol{\gamma}_n^{(t)}) \end{aligned} \tag{6.54}$$

のように表すことができる．ここで，$\boldsymbol{\gamma}_n^{(t)} = [\gamma_{n,0}^{(t)}, \ldots, \gamma_{n,K-1}^{(t)}]$ の各要素は

$$\gamma_{n,k}^{(t)} = \frac{r_k^{(t)} \mathcal{N}(x_n = \mathrm{x}_n; \mu_k^{(t)}, \sigma_k^{(t)})}{\mathcal{M}(x_n = \mathrm{x}_n; \boldsymbol{\mu}^{(t)}, \boldsymbol{\sigma}^{(t)}, \boldsymbol{r}^{(t)})} \tag{6.55}$$

である．式 (6.54) の事後分布を用いると，式 (6.46) の Q 関数は

$$\begin{aligned} &Q(\boldsymbol{\mu}, \boldsymbol{\sigma}, \boldsymbol{r}; \boldsymbol{\mu}^{(t)}, \boldsymbol{\sigma}^{(t)}, \boldsymbol{r}^{(t)}) \\ &\quad = \sum_{\boldsymbol{z}} p(\boldsymbol{z}|\boldsymbol{x} = \mathbf{x}; \boldsymbol{\mu}^{(t)}, \boldsymbol{\sigma}^{(t)}, \boldsymbol{r}^{(t)}) \ln p(\boldsymbol{x}, \boldsymbol{z}; \boldsymbol{\mu}, \boldsymbol{\sigma}, \boldsymbol{r}) \\ &\quad = \sum_{n=0}^{N-1} \sum_{k=0}^{K-1} \gamma_{n,k}^{(t)} (\ln r_k + \ln \mathcal{N}(x_n = \mathrm{x}_n; \mu_k, \sigma_k)) \\ &\quad = \sum_{n=0}^{N-1} \sum_{k=0}^{K-1} \gamma_{n,k}^{(t)} \left(\ln r_k - \frac{1}{2\sigma_k^2} (\mathrm{x}_n - \mu_k)^2 - \frac{1}{2} \ln \sigma_k^2 - \frac{1}{2} \ln(2\pi) \right) \end{aligned} \tag{6.56}$$

のように整理することができる．EM アルゴリズムでは，Q 関数を最大にする

パラメータ

$$\boldsymbol{\mu}^{(t+1)}, \boldsymbol{\sigma}^{(t+1)}, \boldsymbol{r}^{(t+1)} = \operatorname*{argmax}_{\boldsymbol{\mu},\boldsymbol{\sigma},\boldsymbol{r}} Q(\boldsymbol{\mu}, \boldsymbol{\sigma}, \boldsymbol{r}; \boldsymbol{\mu}^{(t)}, \boldsymbol{\sigma}^{(t)}, \boldsymbol{r}^{(t)}) \qquad (6.57)$$

を繰り返し求めることで最尤推定を行う．このとき，混合ガウス分布のパラメータ $\boldsymbol{r}$ には

$$r_0 + \cdots + r_{K-1} = 1 \qquad (6.58)$$

の制約があるため，Q 関数の最大化にはラグランジュの未定乗数法を用いることになる．

未定乗数 λ を導入すると，Q 関数のラグランジアンは

$$\begin{aligned}
&\mathcal{L}(\boldsymbol{\mu}, \boldsymbol{\sigma}, \boldsymbol{r}, \lambda) \\
&\quad = Q(\boldsymbol{\mu}, \boldsymbol{\sigma}, \boldsymbol{r}; \boldsymbol{\mu}^{(t)}, \boldsymbol{\sigma}^{(t)}, \boldsymbol{r}^{(t)}) - \lambda \left(\sum_{k=0}^{K-1} r_k - 1 \right) \\
&\quad = \sum_{n=0}^{N-1} \sum_{k=0}^{K-1} \gamma_{n,k}^{(t)} \left(\ln r_k - \frac{1}{2\sigma_k^2} (\mathrm{x}_n - \mu_k)^2 - \frac{1}{2} \ln \sigma_k^2 - \frac{1}{2} \ln(2\pi) \right) \\
&\qquad - \lambda \left(\sum_{k=0}^{K-1} r_k - 1 \right)
\end{aligned} \qquad (6.59)$$

のように表すことができる．Q 関数の最大値では，ラグランジアンの偏微分が 0 になるので

$$\frac{\partial \mathcal{L}}{\partial \mu_k} = \frac{1}{\sigma_k^2} \sum_{n=0}^{N-1} \gamma_{n,k}^{(t)} (\mathrm{x}_n - \mu_k) = 0 \qquad (6.60)$$

$$\frac{\partial \mathcal{L}}{\partial \sigma_k^2} = \frac{1}{2(\sigma_k^2)^2} \sum_{n=0}^{N-1} \gamma_{n,k}^{(t)} \left((\mathrm{x}_n - \mu_k)^2 - \frac{1}{2\sigma_k^2} \right) = 0 \qquad (6.61)$$

$$\frac{\partial \mathcal{L}}{\partial r_k} = \sum_{n=0}^{N-1} \frac{\gamma_{n,k}^{(t)}}{r_k} - \lambda = 0 \qquad (6.62)$$

$$\frac{\partial \mathcal{L}}{\partial \lambda} = \sum_{k=0}^{K-1} r_k - 1 = 0 \qquad (6.63)$$

となり，これらの式を解くと Q 関数を最大にするパラメータ $\boldsymbol{\mu}, \boldsymbol{\sigma}, \boldsymbol{r}$ は

$$N_k = \sum_{n=0}^{N-1} \gamma_{n,k}^{(t)} \tag{6.64}$$

を用いて

$$\mu_k^{(t+1)} = \frac{1}{N_k} \sum_{n=0}^{N-1} \gamma_{n,k}^{(t)} \mathrm{x}_n \tag{6.65}$$

$$\sigma_k^{(t+1)2} = \frac{1}{N_k} \sum_{n=0}^{N-1} \gamma_{n,k}^{(t)} \left(\mathrm{x}_n - \mu_k^{(t+1)}\right)^2 \tag{6.66}$$

$$r_k^{(t+1)} = \frac{N_k}{N} \tag{6.67}$$

のように表すことができる．したがって，混合ガウス分布での最尤推定は，適当なパラメータ設定 $\boldsymbol{\mu} = \boldsymbol{\mu}^{(0)}, \boldsymbol{\sigma} = \boldsymbol{\sigma}^{(0)}, \boldsymbol{r} = \boldsymbol{r}^{(0)}$ から始めて，つぎの二つの計算を繰り返すことで達成することができる．

（i）期待値計算：式 (6.55) を用いて $\boldsymbol{\gamma}_{n,k}^{(t)}$ を計算する．

（ii）最大化計算：式 (6.65)〜(6.67) を用いて各パラメータを更新する．

通常，この計算は各パラメータ値の変化がなくなるまで繰り返される．

例 6.6

$N = 200$ の観測データとして $\mathbf{x} = [\mathrm{x}_0, \ldots, \mathrm{x}_{N-1}]$ が得られたとする．この観測データを生成した確率モデルを $K = 2$ の混合ガウス分布を用いて

$$p(\boldsymbol{x}) = \prod_{n=0}^{N-1} \mathcal{M}(x_n; \boldsymbol{\mu}, \boldsymbol{\sigma}, \boldsymbol{r})$$

のように仮定し，EM アルゴリズムを用いてパラメータ $\boldsymbol{\mu}, \boldsymbol{\sigma}, \boldsymbol{r}$ を推定する．

EM アルゴリズムによるパラメータ推定の様子を図示するとつぎのようになる．ここで，t は繰り返し計算の反復回数であり，黒点は観測データ x_n の位置，実線は現在の推定パラメータでの混合ガウス分布のプロット，点線は実際に観測データを生成した混合ガウス分布のプロットである．

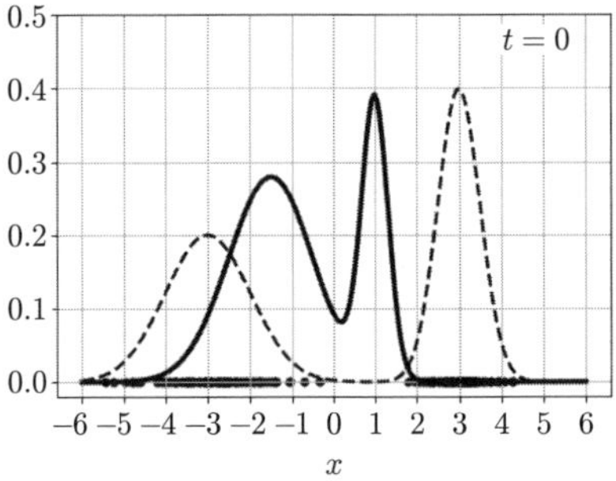

推定開始時点での混合ガウス分布

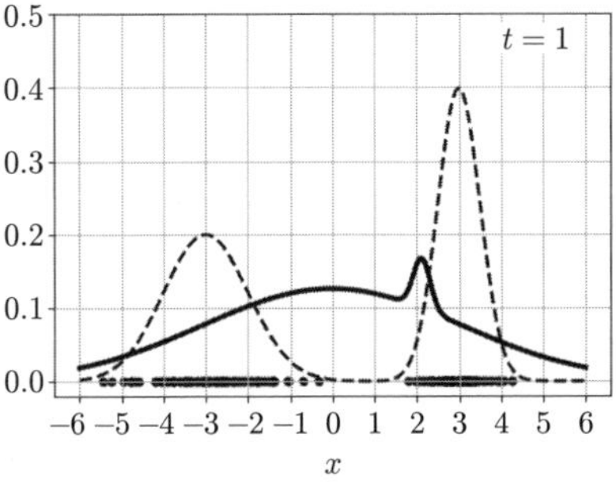

$t=1$ での推定混合ガウス分布

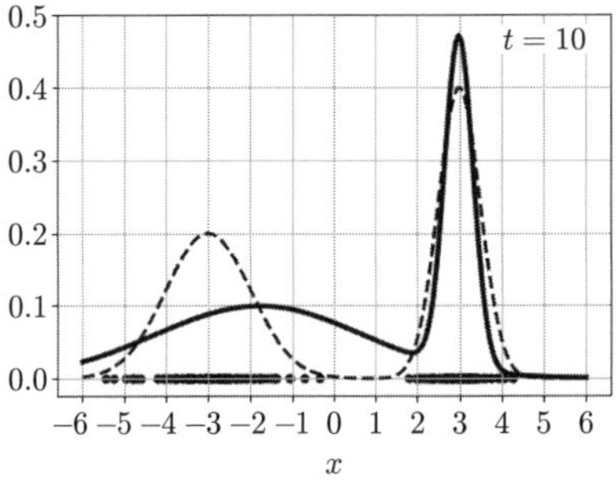

$t=10$ での推定混合ガウス分布

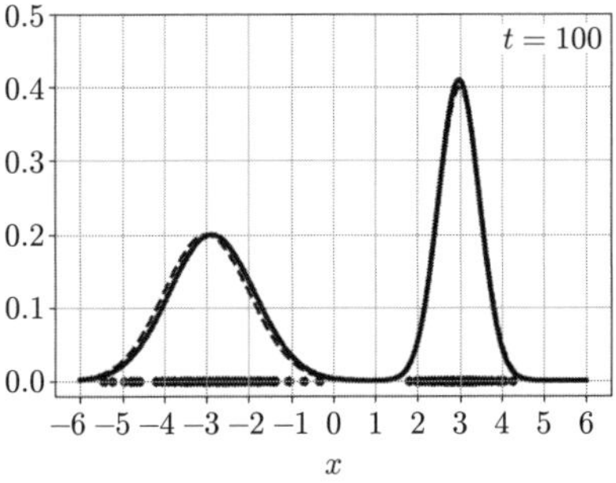

$t=100$ での推定混合ガウス分布

混合ガウス分布での最尤推定

混合ガウス分布 $\mathcal{M}(x;\boldsymbol{\mu},\boldsymbol{\sigma},\boldsymbol{r})$ の最尤推定には EM アルゴリズムが用いられ，つぎの二つのステップを繰り返すことでパラメータの推定が行われる．

(i) 期待値計算：

$$\gamma_{n,k}^{(t)} = \frac{r_k^{(t)}\mathcal{N}(x_n = \mathrm{x}_n;\mu_k^{(t)},\sigma_k^{(t)})}{\mathcal{M}(x_n = \mathrm{x}_n;\boldsymbol{\mu}^{(t)},\boldsymbol{\sigma}^{(t)},\boldsymbol{r}^{(t)})}$$

(ii) 最大化計算：

$$\mu_k^{(t+1)} = \frac{1}{N_k}\sum_{n=0}^{N-1}\gamma_{n,k}^{(t)}\mathrm{x}_n$$

$$\sigma_k^{(t+1)2} = \frac{1}{N_k} \sum_{n=0}^{N-1} \gamma_{n,k}^{(t)} \left(\mathrm{x}_n - \mu_k^{(t+1)} \right)^2$$

$$r_k^{(t+1)} = \frac{N_k}{N}$$

7 自己回帰モデル

7.1 系列データの確率モデル

不規則信号 $\mathbf{y} = [\mathrm{y}_0, \ldots, \mathrm{y}_{N-1}]$ のような系列データは，各信号値 y_n がそれぞれ独立に生成されたと考えるよりも，以前の状態 y_m $(m < n)$ に依存して信号値 y_n が生成されたと考えるほうが自然である．このことは，条件付き確率分布を用いて

$$\mathrm{y}_n \sim p(y_n | y_0 = \mathrm{y}_0, \ldots, y_{n-1} = \mathrm{y}_{n-1}) \tag{7.1}$$

のように表すことができる．確率分布の積の規則と合わせると，不規則信号全体を生成した確率分布は

$$\begin{aligned} p(\boldsymbol{y}) &= p(y_0) \times p(y_1, \ldots, y_{N-1} | y_0) \\ &= p(y_0) \times p(y_1 | y_0) \times p(y_2, \ldots, y_{N-1} | y_0, y_1) \\ &= \cdots \\ &= p(y_0) \times p(y_1 | y_0) \times \cdots \times p(y_{N-1} | y_0, \ldots, y_{N-2}) \end{aligned} \tag{7.2}$$

のように表される．

式 (7.2) は式 (7.1) の生成規則に基づく一般的な確率分布である．しかしながら，式 (7.2) の確率分布を実際に設計するためには N 種類の異なる確率分布を用意する必要があり，このような形で不規則信号の確率分布をモデル化するこ

とはあまり現実的ではない．現実的な確率モデルを設計する一つの方法は依存する確率変数の数を直近の k 個に限定して

$$p(\boldsymbol{y}) = p(y_0, \ldots, y_{k-1}) \prod_{n=k}^{N-1} p(y_n | y_{n-1}, \ldots, y_{n-k}) \tag{7.3}$$

のように確率分布を設計することである．このように設計された確率モデルは**マルコフモデル** (Markov model) と呼ばれる．k はマルコフモデルの次数であり，$k = 1$ の場合は

$$p(\boldsymbol{y}) = p(y_0) \prod_{n=1}^{N-1} p(y_n | y_{n-1}) \tag{7.4}$$

であり，$k = 2$ の場合は

$$p(\boldsymbol{y}) = p(y_0, y_1) \prod_{n=2}^{N-1} p(y_n | y_{n-1}, y_{n-2}) \tag{7.5}$$

である．式 (7.3) の確率モデルの設計にも $N - k$ 種類の確率分布を用意してやる必要があるが，条件付き分布 $p(y_n | y_{n-1}, \ldots, y_{n-k})$ が時点 n に依存しないと仮定すると，この確率モデルは $p(y_0, \ldots, y_{k-1})$ と $p(y_n | y_{n-1}, \ldots, y_{n-k})$ の 2 種類の確率分布を用意するだけで設計できるようになる．この仮定のことを均一性といい，均一性をもつ確率モデルのことを**均一な確率モデル** (homogeneous probability model) という．

マルコフモデル

時点 n での確率変数 x_n が直近 k 個の確率変数のみに依存する確率モデル．$k = 1$ の場合での結合分布は

$$p(\boldsymbol{y}) = p(y_0) \prod_{n=1}^{N-1} p(y_n | y_{n-1})$$

のようになる．

7.2 自己回帰モデル

式 (7.3) の形の確率モデルとして最も基本的なモデルは**自己回帰モデル** (autoregressive model) と呼ばれるものである．自己回帰モデルは **AR モデル**とも呼ばれ，p 次の AR モデルは

$$\mathrm{y}_n = c + \sum_{i=1}^{p} \phi_i \mathrm{y}_{n-i} + \mathrm{e}_n \tag{7.6}$$

で定義される．e_n は撹乱項と呼ばれ，撹乱項の系列 $\mathbf{e} = [\mathrm{e}_p, \ldots, \mathrm{e}_{N-1}]$ は確率分布 $p_e(\boldsymbol{e})$ から生成される．ただし，確率分布 $p_e(\boldsymbol{e})$ は

$$\mathbb{E}[e_n] = 0 \tag{7.7}$$

$$\mathbb{E}[e_m e_n] = \begin{cases} \sigma^2 & (m = n) \\ 0 & (m \neq n) \end{cases} \tag{7.8}$$

の性質を満たし，二つの確率変数 y_m, e_n $(m < n)$ には

$$\mathbb{E}[y_m e_n] = 0 \tag{7.9}$$

が成り立つものとする．また，$c, \boldsymbol{\phi} = (\phi_1, \ldots, \phi_p)$ は AR モデルのパラメータである．

式 (7.6) は AR モデルからの乱数の生成方法に対応している．まず，初期値として $\mathrm{y}_0, \ldots, \mathrm{y}_{p-1}$ が与えられたとする．つぎに，確率分布 $p_e(\boldsymbol{e})$ から乱数 e_p を生成し，式 (7.6) に代入すると，AR モデルからの乱数 y_p が得られる．さらに，確率分布 $p_e(\boldsymbol{e})$ から乱数 e_{p+1} を生成し，これまでに得られた系列 $\mathrm{y}_1, \ldots, \mathrm{y}_p$ を式 (7.6) に代入すると，つぎの時点での乱数 y_{p+1} を得ることができる．この操作を繰り返すことで，AR モデルからの乱数の系列 $\mathrm{y}_p, \ldots, \mathrm{y}_{N-1}$ を得ることができる．

式 (7.7) と式 (7.8) を満たす最も簡単な確率分布は $p_e(\boldsymbol{e})$ を

$$p_e(\boldsymbol{e}) = \prod_{n=p}^{N-1} \mathcal{N}(e_n; 0, \sigma) \tag{7.10}$$

のように仮定したものである．すなわち，撹乱項 e_n を平均 0，分散 σ^2 のガウス分布から生成された乱数とみなして

$$\mathrm{e}_n \sim \mathcal{N}(e_n; 0, \sigma) \tag{7.11}$$

と仮定するのである．式 (7.11) の仮定と確率変数の変換公式を用いると，式 (7.6) の生成規則は

$$\begin{aligned} \mathrm{y}_n &\sim p(y_n | y_{n-p} = \mathrm{y}_{n-p}, \ldots, y_{n-1} = \mathrm{y}_{n-1}) \\ &= \mathcal{N}\left(y_n; c + \sum_{i=1}^{p} \phi_i \mathrm{y}_{n-i}, \sigma\right) \end{aligned} \tag{7.12}$$

のように表すことができる．この表現を用いると系列データ $\mathbf{y}$ を生成した確率分布 $p(\boldsymbol{y})$ は

$$\begin{aligned} p(\boldsymbol{y}) &= p(y_0, \ldots, y_{p-1}) \prod_{n=p}^{N-1} p(y_n | y_{n-1}, \ldots, y_{n-p}) \\ &= p(y_0, \ldots, y_{p-1}) \prod_{n=p}^{N-1} \mathcal{N}\left(y_n; c + \sum_{i=1}^{p} \phi_i y_{n-i}, \sigma\right) \end{aligned} \tag{7.13}$$

のようになる．

例 7.1

一次の AR モデル

$$\mathrm{y}_n = 1 + 0.8\mathrm{y}_{n-1} + \mathrm{e}_n$$

について，$\mathrm{y}_0 = 0, [\mathrm{e}_1, \mathrm{e}_2, \mathrm{e}_3, \mathrm{e}_4] = [0.1, -0.3, 0.2, 0.1]$ としたときの $\mathrm{y}_1, \mathrm{y}_2, \mathrm{y}_3, \mathrm{y}_4$ の値を計算する．

$n=1$ の場合から順番に計算すると

$$\mathrm{y}_1 = 1 + 0.8\mathrm{y}_0 + \mathrm{e}_1 = 1.1$$

$$\mathrm{y}_2 = 1 + 0.8\mathrm{y}_1 + \mathrm{e}_2 = 1.58$$

$$\mathrm{y}_3 = 1 + 0.8\mathrm{y}_2 + \mathrm{e}_3 = 2.464$$

$$\mathrm{y}_4 = 1 + 0.8\mathrm{y}_3 + \mathrm{e}_4 = 3.071\,2$$

となる．

例 7.2

二次の AR モデル

$$\mathrm{y}_n = 0.2 + 0.5\mathrm{y}_{n-1} - 0.1\mathrm{y}_{n-2} + \mathrm{e}_n$$

について，$\mathrm{y}_0 = 0, \mathrm{y}_1 = 1, [\mathrm{e}_2, \mathrm{e}_3, \mathrm{e}_4, \mathrm{e}_5] = [0.2, -0.1, 0.2, -0.1]$ としたときの $\mathrm{y}_2, \mathrm{y}_3, \mathrm{y}_4, \mathrm{y}_5$ の値を計算する．

$n=1$ の場合から順番に計算すると

$$\mathrm{y}_2 = 0.2 + 0.5\mathrm{y}_1 - 0.1\mathrm{y}_0 + \mathrm{e}_2 = 0.9$$

$$\mathrm{y}_3 = 0.2 + 0.5\mathrm{y}_2 - 0.1\mathrm{y}_1 + \mathrm{e}_3 = 0.45$$

$$\mathrm{y}_4 = 0.2 + 0.5\mathrm{y}_3 - 0.1\mathrm{y}_2 + \mathrm{e}_4 = 0.535$$

$$\mathrm{y}_5 = 0.2 + 0.5\mathrm{y}_4 - 0.1\mathrm{y}_3 + \mathrm{e}_5 = 0.322\,5$$

となる．

例 7.3

撹乱項 e_n がガウス分布 $\mathcal{N}(e_n; 0, \sigma)$ に従うとき，一次の AR モデル

$$\mathrm{y}_n = c + \phi\mathrm{y}_{n-1} + \mathrm{e}_n$$

から生成される乱数 $\mathbf{y} = [\mathrm{y}_0, \ldots, \mathrm{y}_{63}]$ の時間領域プロットを作成す

る．パラメータ設定を $(c,\phi,\sigma) = (0.5,0.5,1),(1.5,0.5,1),(0.5,0.5,0.5),$ $(0.5,0.5,1.5),(0.5,0.1,1),(0.5,1,1)$ としたときの時間領域プロットはつぎのようになる．

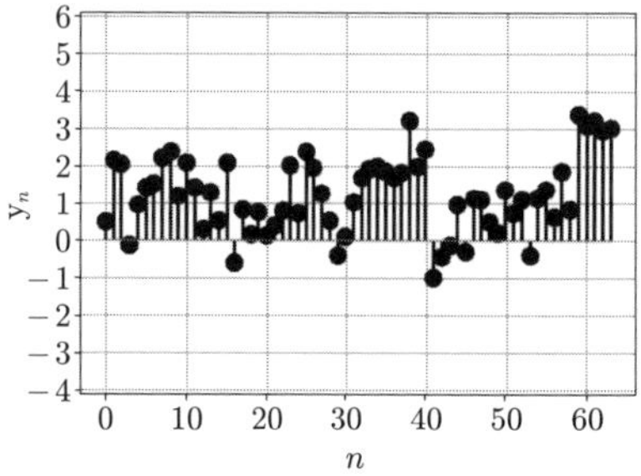

$(c,\phi,\sigma) = (0.5, 0.5, 1)$ でのプロット

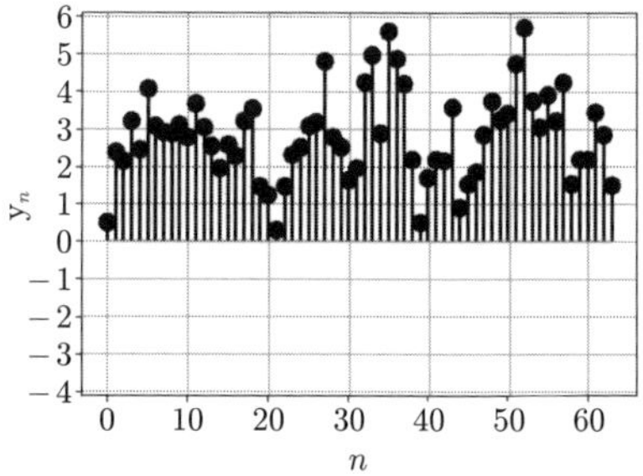

$(c,\phi,\sigma) = (1.5, 0.5, 1)$ でのプロット

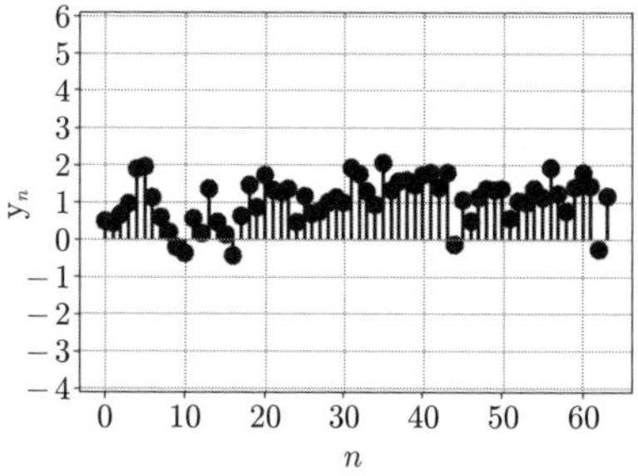

$(c,\phi,\sigma) = (0.5, 0.5, 0.5)$ でのプロット

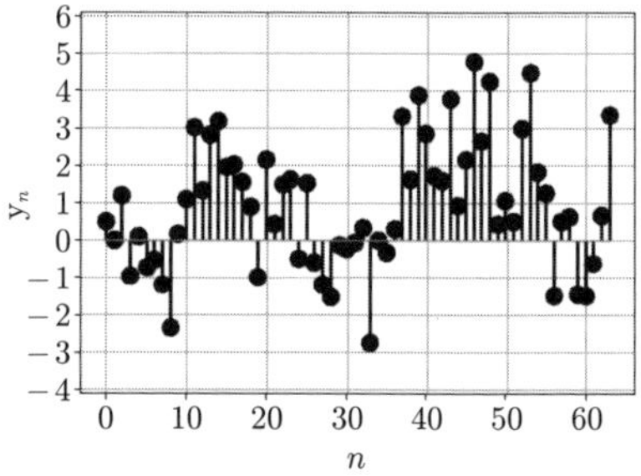

$(c,\phi,\sigma) = (0.5, 0.5, 1.5)$ でのプロット

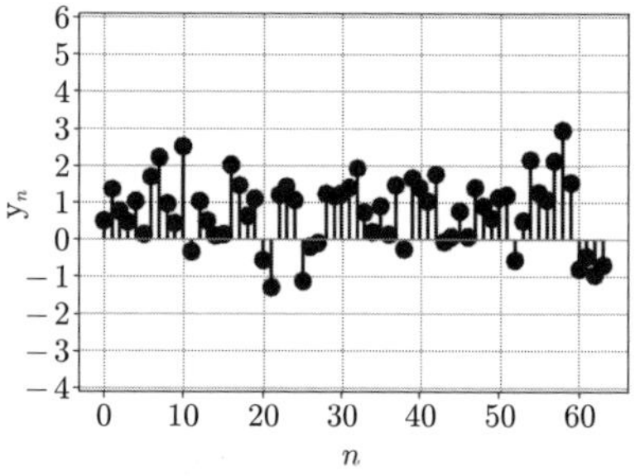

$(c,\phi,\sigma) = (0.5, 0.1, 1)$ でのプロット

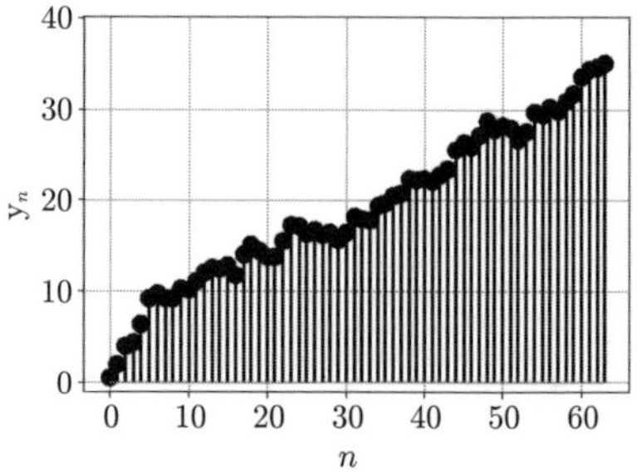

$(c,\phi,\sigma) = (0.5, 1, 1)$ でのプロット

自己回帰モデル

時点 n での実現値 y_n が

$$\mathrm{y}_n = c + \sum_{i=1}^{p} \phi_i \mathrm{y}_{n-i} + \mathrm{e}_n$$

で表される確率モデル．攪乱項 e_n をガウス分布 $\mathcal{N}(e_n; 0, \sigma)$ からの乱数とすると条件付き分布は

$$p(y_n|y_{n-1}, \ldots, y_{n-p}) = \mathcal{N}(y_n; c + \phi_1 y_{n-1} + \cdots + \phi_p y_{n-p}, \sigma)$$

となる．

7.3　自己回帰モデルの期待値

AR モデルでは，平均や分散などの期待値を逐次的に計算していくことができる．式 (7.6) と期待値計算の線形性を用いると，AR モデルの平均 $\mu_n = \mathbb{E}[y_n]$ は

$$\mu_n = \mathbb{E}[y_n] = \mathbb{E}\left[c + \sum_{i=1}^{p} \phi_i y_{n-i} + e_n\right] = c + \sum_{i=1}^{p} \phi_i \mu_{n-i} \tag{7.14}$$

のように表すことができ，初期値 $\mu_0, \ldots, \mu_{p-1}$ が決まれば各期待値 μ_n $(p \leqq n)$ を逐次的に求めていくことができる．このときの初期値 $\mu_0, \ldots, \mu_{p-1}$ は確率分布 $p(y_0, \ldots, y_{p-1})$ から計算することができる．つぎに，$y_n y_{n+k}$ に関する期待値が AR モデルの分散 σ_n^2 と共分散 $\sigma_{n,n+k}$ を用いて

$$\mathbb{E}[y_n y_{n+k}] = \begin{cases} \sigma_n^2 + \mu_n^2 & (k = 0) \\ \sigma_{n,n+k} + \mu_n \mu_{n+k} & (k \neq 0) \end{cases} \tag{7.15}$$

と表せることと

$$\mathbb{E}[y_n y_{n+k}] = c\mathbb{E}[y_n] + \sum_{i=1}^{p} \phi_i \mathbb{E}[y_n y_{n+k-i}] + \mathbb{E}[y_n e_{n+k}] \tag{7.16}$$

であることを併せると，分散 σ_n^2 と共分散 $\sigma_{n,n+k}$ に関しては

$$\sigma_n^2 = \sigma^2 + \sum_{i=1}^{p} \phi_i \sigma_{n,n-i} \tag{7.17}$$

$$\sigma_{n,n+k} = \sum_{i=1}^{p} \phi_i \sigma_{n,n+k-i} \tag{7.18}$$

のような関係式が成り立つ．ただし，$\sigma_{n,n} = \sigma_n^2$ である．

自己回帰モデルでの期待値

自己回帰モデルでは，期待値の計算を順番に行っていくことができ，各時点での平均 μ_n は

$$\mu_n = c + \sum_{i=1}^{p} \phi_i \mu_{n-i}$$

で与えられ，分散 σ_n^2 と共分散 $\sigma_{n,n+k}$ は

$$\sigma_n^2 = \sigma^2 + \sum_{i=1}^{p} \phi_i \sigma_{n,n-i}$$

$$\sigma_{n,n+k} = \sum_{i=1}^{p} \phi_i \sigma_{n,n+k-i}$$

で計算することができる．

7.4 自己回帰モデルと定常性

不規則信号 $\bar{\mathbf{x}} = [\ldots, \bar{\mathrm{x}}_n, \ldots]$ のような系列データを確率モデルで扱う際は，**定常性** (stationarity) と呼ばれる仮定をおく場合が多い．確率モデルの定常性には**強定常性** (strong stationarity) と**弱定常性** (weak stationarity) の 2 種類があり，それぞれつぎのように定義される．

強定常性

任意の時点 n に対し，m 変数の結合分布 $p(x_n, x_{n+1}, \ldots, x_{n+m-1})$ とこれを時点 k だけずらした結合分布 $p(x_{n+k}, x_{n+k+1}, \ldots, x_{n+k+m-1})$ を考える．これらの確率分布が同一であるとき，この確率モデルは**強定常性**と呼ばれる．

弱定常性

任意の時点 n について，平均 $\mathbb{E}[x_n]$ が n に依存せず一定値 $\mathbb{E}[x_n] = \mu$ であり，分散が n には依存せず時間ずれ k のみに依存して

$$\sigma^2_{n,n+k} = \mathbb{E}[x_n x_{n+k}] - \mathbb{E}[x_n]\mathbb{E}[x_{n+k}] = \gamma_k$$

のように表せるとき，この確率モデルは**弱定常性**と呼ばれる．

強定常性は弱定常性よりも強い概念である．弱定常の仮定は平均と分散が時間ずれ k に対して一致することを要求しているが，強定常性の仮定は結合分布までも一致することを要求している．

AR モデルが弱定常となるかどうかはパラメータ $\boldsymbol{\phi}$ の設定に依存する．式 (7.6) の AR モデルが弱定常であるかどうかは，**AR 特性方程式** (AR characteristic equation)

$$1 - \sum_{i=1}^{p} \phi_i \omega^i = 1 - \phi_1 \omega - \cdots - \phi_p \omega^p = 0 \tag{7.19}$$

によって判別することができ，特性方程式のすべての解の絶対値が 1 より大きいとき，AR モデルは弱定常となる．

定常性をもつ自己回帰モデルでは，さまざまな期待値をパラメータ $c, \boldsymbol{\phi}, \sigma$ から求めることができる．定常性を仮定すると，式 (7.14) の関係式は

$$\mu = c + \sum_{i=1}^{p} \phi_i \mu$$

のように書き直すことができる．これを解くと定常 AR モデルの平均 μ が

$$\mu = \frac{c}{1 - \phi_1 - \cdots - \phi_p} \tag{7.20}$$

で与えられることがわかる．また，定常性の仮定下では，自己相関 ρ_k が

$$\rho_k = \frac{\gamma_k}{\gamma_0} \tag{7.21}$$

となるので，式 (7.17) の関係式から分散 γ_0 は

$$\gamma_0 = \sigma^2 + \sum_{i=1}^{p} \phi_i \rho_k \gamma_0$$

より

$$\gamma_0 = \frac{\sigma^2}{1 - \phi_1\rho_1 - \cdots - \phi_p\rho_p} \tag{7.22}$$

のように表すことができる．自己相関 ρ_k は式 (7.18) の関係式から

$$\rho_k = \sum_{i=1}^{p} \phi_1 \rho_{k-i} = \phi_1\rho_{k-1} + \cdots + \phi_p\rho_{k-p} \tag{7.23}$$

のように計算できる．

例 7.4

一次の AR モデル

$$\mathrm{y}_n = c + \phi \mathrm{y}_{n-1} + \mathrm{e}_n$$

が弱定常となる条件を求める．

一次の AR モデルの特性方程式は

$$1 - \phi\omega = 0$$

であり，その解は $\omega = 1/\phi$ で与えられる．AR モデルでは，特性方程式のすべての解の絶対値が 1 より大きいときに弱定常となるので

$$\phi < 1$$

が一次の AR モデルが弱定常となる条件である.

例 7.5

一次の AR モデル

$$\mathrm{y}_n = c + \phi \mathrm{y}_{n-1} + \mathrm{e}_n$$

の自己相関 ρ_n は

$$\rho_n = \phi\rho_{n-1} = \phi^2\rho_{n-2} = \cdots = \phi^n\rho_0 = \phi^n$$

で与えられる. パラメータ設定を $\phi = 0.3, 0.5, 0.8, -0.8$ とした場合の一次の AR モデルのコレログラムはつぎのようになる.

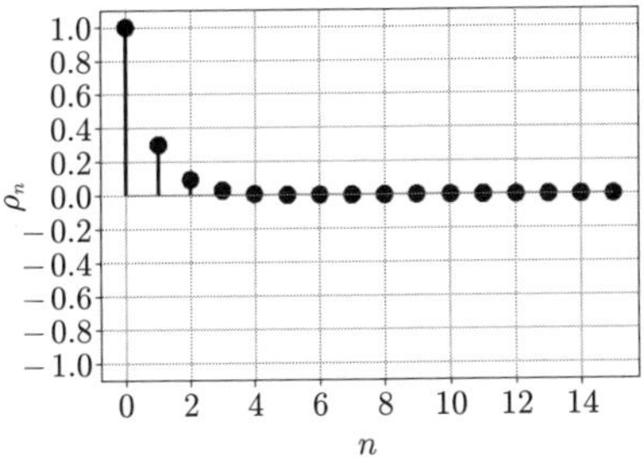

$\phi = 0.3$ でのコレログラム

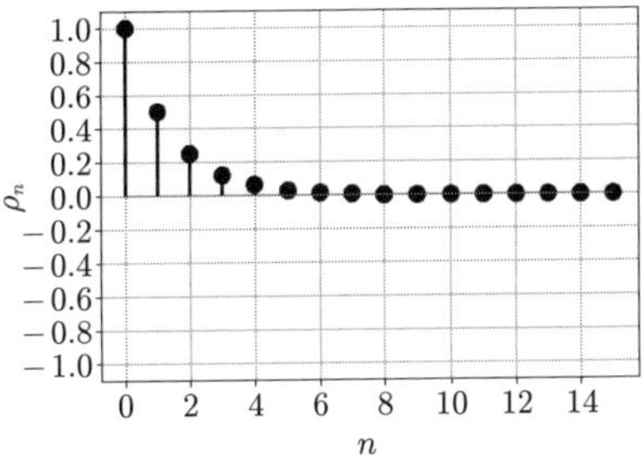

$\phi = 0.5$ でのコレログラム

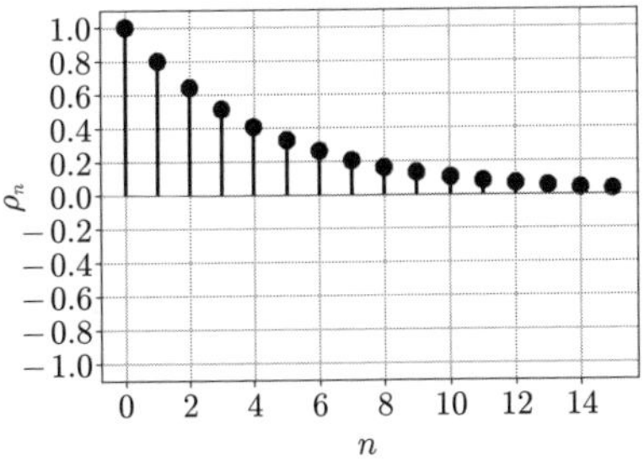

$\phi = 0.8$ でのコレログラム

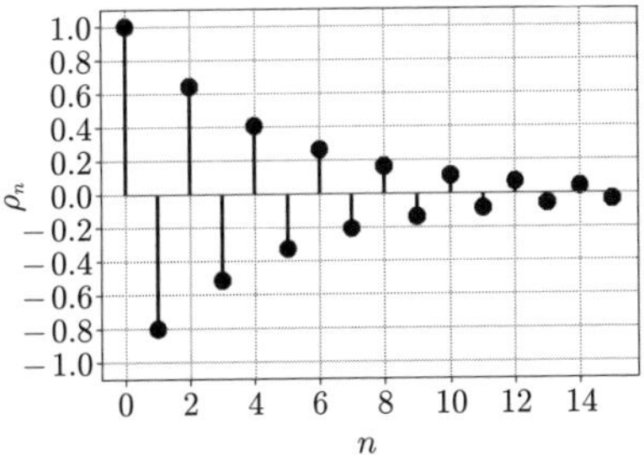

$\phi = -0.8$ でのコレログラム

弱定常な一次の AR モデルでは，自己相関の絶対値が指数関数的に減衰していく．

弱定常性

任意の時点 n について平均 μ_n がつねに一定であり，分散 $\sigma_{n,n+k}$ が時間ずれ k のみに依存する確率モデル．

自己回帰モデルと定常性

定常性をもつ自己回帰モデルでは，平均 μ と分散 γ_0 が次式で与えられる．

$$
\begin{aligned}
\mu &= \frac{c}{1-\phi_1-\cdots-\phi_p} \\
\gamma_0 &= \frac{\sigma^2}{1-\phi_1\rho_1-\cdots-\phi_p\rho_p}
\end{aligned}
$$

7.5 自己回帰モデルでの最尤推定

最尤推定の方法を用いることで，AR モデルのパラメータ $c, \boldsymbol{\phi}, \sigma$ を観測データ $\boldsymbol{y} = \mathbf{y}$ から推定することができる．観測データとして不規則信号 $\mathbf{y}$ が得られたときの対数尤度は式 (7.13) から

$$
\begin{aligned}
L(c, \boldsymbol{\phi}, \sigma) &= \ln p(\mathrm{y}_0, \ldots, \mathrm{y}_\mathrm{p}) + \sum_{n=p}^{N-1} \ln \mathcal{N}\left(\mathrm{y}_n; c + \sum_{i=1}^{p} \phi_i \mathrm{y}_{n-i}, \sigma\right) \\
&= \ln p(\mathrm{y}_0, \ldots, \mathrm{y}_\mathrm{p}) - \frac{N-p}{2}\ln(2\pi) - \frac{N-p}{2}\ln\sigma^2 \\
&\quad - \frac{1}{2\sigma^2}\sum_{n=p}^{N-1}\left(\mathrm{y}_n - c - \sum_{i=1}^{p}\phi_i \mathrm{y}_{n-i}\right)^2 \qquad (7.24)
\end{aligned}
$$

のように表すことができる．対数尤度の最大値では，各偏微分の値が 0 となる．各パラメータでの偏微分を計算すると

$$
2\sigma^2 \frac{\partial L}{\partial c} = \sum_{n=p}^{N-1} \mathrm{y}_n - (N-p)c - \sum_{n=p}^{N-1}\sum_{i=1}^{p} \phi_i \mathrm{y}_{n-i} \qquad (7.25)
$$

$$2\sigma^2 \frac{\partial L}{\partial \phi_j} = \sum_{n=p}^{N-1} \mathrm{y}_n \mathrm{y}_{n-j} - c \sum_{n=p}^{N-1} \mathrm{y}_{n-j} - \sum_{n=p}^{N-1} \sum_{i=1}^{p} \phi_i \mathrm{y}_{n-i} \mathrm{y}_{n-j} \tag{7.26}$$

$$\frac{\partial L}{\partial \sigma^2} = -\frac{N-p}{2\sigma^2} + \frac{1}{2\sigma^4} \sum_{n=p}^{N-1} \left(\mathrm{y}_n - c - \sum_{i=1}^{p} \phi_i \mathrm{y}_{n-i} \right)^2 \tag{7.27}$$

となるので，これらの偏微分が 0 となる条件を考えると，対数尤度を最大にするパラメータ $\widehat{c}, \widehat{\boldsymbol{\phi}}$ は連立方程式

$$\begin{cases} a_0 c + a_1 \phi_1 + \cdots + a_p \phi_p = b_0 \\ a_1 c + A_{11} \phi_1 + \cdots + A_{1p} \phi_p = b_1 \\ a_2 c + A_{12} \phi_1 + \cdots + A_{2p} \phi_p = b_2 \\ \qquad \vdots \\ a_p c + A_{1p} \phi_1 + \cdots + A_{pp} \phi_p = b_p \end{cases} \tag{7.28}$$

の解として与えられる．ここで

$$a_0 = N - p \tag{7.29}$$

$$a_i = \sum_{n=p}^{N-1} \mathrm{y}_{n-i} \tag{7.30}$$

$$A_{ij} = \sum_{n=p}^{N-1} \mathrm{y}_{n-i} \mathrm{y}_{n-j} \tag{7.31}$$

$$b_0 = \sum_{n=p}^{N-1} \mathrm{y}_n \tag{7.32}$$

$$b_i = \sum_{n=p}^{N-1} \mathrm{y}_n \mathrm{y}_{n-i} \tag{7.33}$$

である．また，式 (7.27) から，パラメータ σ の推定値は

$$\widehat{\sigma}^2 = \frac{1}{N-p} \sum_{n=p}^{N-1} \left(\mathrm{y}_n - \widehat{c} - \sum_{i=1}^{p} \widehat{\phi}_i \mathrm{y}_{n-i} \right)^2 \tag{7.34}$$

となる．

例 7.6

不規則信号 $\mathbf{y} = [\,0, -4, -2, -1, -3, 1, 2\,]$ が二次の AR モデル

$$\mathrm{y}_n = c + \phi_1 \mathrm{y}_{n-1} + \phi_2 \mathrm{y}_{n-2} + \mathrm{e}_n$$

から生成され，撹乱項 e_n もガウス分布 $\mathcal{N}(e_n; 0, \sigma)$ に従うと仮定する．このとき，最尤推定の方法でパラメータ c, ϕ_1, ϕ_2 を推定する．

式 (7.29)〜(7.33) を用いると

$$\begin{aligned} &a_0 = 5, && a_1 = -9, && a_2 = -10 \\ &A_{11} = 31, && A_{12} = 10, && A_{22} = 30 \\ &b_0 = -3, && b_1 = 12, && b_2 = 3 \end{aligned}$$

と計算できるので，最尤推定による推定値 $\widehat{c}, \widehat{\phi}_1, \widehat{\phi}_2$ は連立方程式

$$\begin{cases} 5c - 9\phi_1 - 10\phi_2 = -3 \\ -9c + 31\phi_1 + 10\phi_2 = 12 \\ -10c + 10\phi_1 + 30\phi_2 = 3 \end{cases}$$

の解として与えられる．この連立方程式を解くと

$$\widehat{c} = 0.5, \qquad \widehat{\phi}_1 = 0.5, \qquad \widehat{\phi}_2 = 0.1$$

となる．

例 7.7

不規則信号 $\mathbf{y} = [\mathrm{y}_0, \ldots, \mathrm{y}_{N-1}]$ が一次の AR モデル

$$\mathrm{y}_n = c + \phi \mathrm{y}_{n-1} + \mathrm{e}_n$$

から生成され，撹乱項 e_n もガウス分布 $\mathcal{N}(e_n; 0, \sigma)$ に従うと仮定する．こ

のとき，最尤推定の方法でパラメータ c, ϕ を求める．

式 (7.28) から，パラメータの推定値 $\widehat{c}, \widehat{\phi}$ は連立方程式

$$\begin{cases} a_0 c + a_1 \phi = b_0 \\ a_1 c + A_{11} \phi = b_1 \end{cases}$$

の解となる．この連立方程式を解くと

$$\widehat{c} = \frac{A_{11} b_0 - a_1 b_1}{a_0 A_{11} - a_1^2}, \quad \widehat{\phi} = \frac{a_0 b_1 - a_1 b_0}{a_0 A_{11} - a_1^2}$$

となるので，式 (7.29)〜(7.33) を代入すると，最尤推定の結果は

$$\widehat{c} = \frac{\left(\sum_{n=1}^{N-1} \mathrm{y}_{n-1}^2\right)\left(\sum_{n=1}^{N-1} \mathrm{y}_n\right) - \left(\sum_{n=1}^{N-1} \mathrm{y}_{n-1}\right)\left(\sum_{n=1}^{N-1} \mathrm{y}_n \mathrm{y}_{n-1}\right)}{(N-1)\left(\sum_{n=1}^{N-1} \mathrm{y}_{n-1}^2\right) - \left(\sum_{n=1}^{N-1} \mathrm{y}_{n-1}\right)^2}$$

$$\widehat{\phi} = \frac{(N-1)\left(\sum_{n=1}^{N-1} \mathrm{y}_n \mathrm{y}_{n-1}\right) - \left(\sum_{n=1}^{N-1} \mathrm{y}_{n-1}\right)\left(\sum_{n=1}^{N-1} \mathrm{y}_n\right)}{(N-1)\left(\sum_{n=1}^{N-1} \mathrm{y}_{n-1}^2\right) - \left(\sum_{n=1}^{N-1} \mathrm{y}_{n-1}\right)^2}$$

となる．

自己回帰モデルでの最尤推定

AR モデルでは，パラメータの最尤推定結果はつぎの形の連立方程式の解として与えられる．

$$\begin{cases} a_0 c + a_1 \phi_1 + \cdots + a_p \phi_p = b_0 \\ a_1 c + A_{11} \phi_1 + \cdots + A_{1p} \phi_p = b_1 \\ a_2 c + A_{12} \phi_1 + \cdots + A_{2p} \phi_p = b_2 \\ \qquad \vdots \\ a_p c + A_{1p} \phi_1 + \cdots + A_{pp} \phi_p = b_p \end{cases}$$

ここで，連立方程式の各係数はそれぞれつぎのように与えられる．

$$a_0 = N - p, \quad a_i = \sum_{n=p}^{N-1} \mathrm{y}_{n-i}, \quad A_{ij} = \sum_{n=p}^{N-1} \mathrm{y}_{n-i}\mathrm{y}_{n-j}$$

$$b_0 = \sum_{n=p}^{N-1} \mathrm{y}_n, \quad b_i = \sum_{n=p}^{N-1} \mathrm{y}_n \mathrm{y}_{n-i}$$

7.6　自己回帰外因性モデル

信号処理のシステムでは，入力信号 $\mathbf{x}$ と出力信号 $\mathbf{y}$ の二つの信号を考えるのが普通である．入力信号と出力信号の二つの信号を扱えるように AR モデルを改良したものが**自己回帰外因性モデル** (autoregressive model with exogenous inputs) である．自己回帰外因性モデルは **ARX モデル**とも略され

$$\mathrm{y}_n = c + \sum_{i=1}^{p} \phi_i \mathrm{y}_{n-i} + \sum_{i=0}^{r} \theta_i \mathrm{x}_{n-i} + \mathrm{e}_n \tag{7.35}$$

で定義される．時点 n での出力 y_n はこれまでの出力 $\mathrm{y}_{n-1}, \ldots, \mathrm{y}_{n-p}$ と時点 n までの入力 $\mathrm{x}_n, \mathrm{x}_{n-1}, \ldots, \mathrm{x}_{n-r}$ に依存して逐次的に生成される．AR モデルと同様に，撹乱項の系列 $\mathbf{e} = [\mathrm{e}_p, \ldots, \mathrm{e}_{N-1}]$ は確率分布 $p_e(\boldsymbol{e})$ から生成され

$$\mathbb{E}[e_n] = 0 \tag{7.36}$$

$$\mathbb{E}[e_m e_n] = \begin{cases} \sigma^2 & (m = n) \\ 0 & (m \neq n) \end{cases} \tag{7.37}$$

の性質を満たす．撹乱項の系列をガウス分布からの i.i.d. 系列とみなして

$$\mathrm{e}_n \sim \mathcal{N}(e_n; 0, \sigma)$$

と仮定すると，式 (7.35) の ARX モデルは

$$p(y_n | y_{n-1}, \ldots, y_{n-p}, x_n, \ldots, x_{n-r})$$

$$= \mathcal{N}\left(y_n; c + \sum_{i=1}^{p} \phi_i \mathrm{y}_{n-i} + \sum_{i=0}^{r} \theta_i \mathrm{x}_{n-i}\right) \tag{7.38}$$

のように表すことができる．

ARX モデルは FIR システムや IIR システムを確率モデルとして拡張したものとみなすことができる．実際，式 (7.35) において $c = 0, \boldsymbol{\phi} = \mathbf{0}$ とおくと，時点 n での出力信号 y_n の値は

$$\mathrm{y}_n = \sum_{i=0}^{r} \theta_i \mathrm{x}_{n-i} + \mathrm{e}_n \tag{7.39}$$

で計算されることになる．これはインパルス応答 $\overline{\mathbf{h}} = [\ldots, \overline{\mathrm{h}}_n, \ldots]$ を

$$\overline{\mathrm{h}}_n = \begin{cases} \theta_n & (n = 0, \ldots, r) \\ 0 & (n \neq 0, \ldots, r) \end{cases} \tag{7.40}$$

とする FIR システムに撹乱項 e_n を加えたものであり，$\mathrm{e}_n \sim \mathcal{N}(e_n; 0, \sigma)$ を仮定すると

$$p(y_n | x_n, \ldots, x_{n-r}) = \mathcal{N}\left(y_n; \sum_{i=0}^{r} \theta_i \mathrm{x}_{n-i}\right) \tag{7.41}$$

のように表すことができる．そのため，式 (7.39) の ARX モデルは FIR システムに撹乱項を導入して確率モデル化したものと考えることができる．また，式 (7.39) の ARX モデルは図 **7.1** の構成図で表すことができる．また，遅延要素

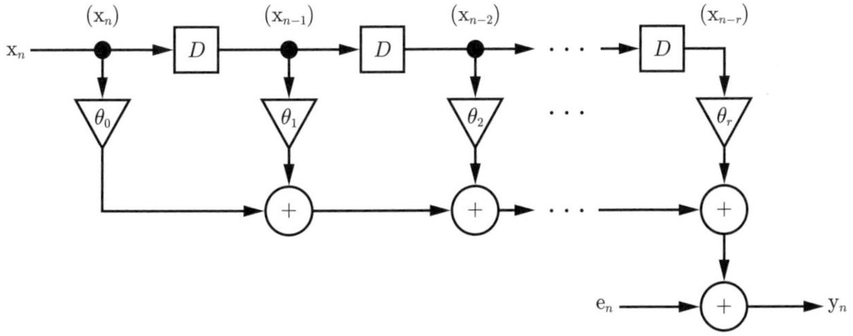

図 7.1　FIR システムを拡張した ARX モデル

の前後に遅延要素の入出力にあたる信号値を ( ) 付きで表記している.

同じように，式 (7.35) において $c=0$ としたものを考えると，時点 n での出力信号は

$$\mathrm{y}_n = \sum_{i=1}^{p} \phi_i \mathrm{y}_{n-i} + \sum_{i=0}^{r} \theta_i \mathrm{x}_{n-i} + \mathrm{e}_n \tag{7.42}$$

で計算される．これは撹乱項を導入することで IIR システムを確率モデル化したものであり，**図 7.2** のような構成図で表すことができる．AR モデルは

$$\mathrm{y}_n = c + \sum_{i=1}^{p} \phi_i \mathrm{y}_{n-i} + \mathrm{e}_n$$

のように表されたが，この AR モデルは入力信号を必要としない特殊な IIR システムを確率モデル化したものと解釈することができ，その構成図は**図 7.3** のようになる.

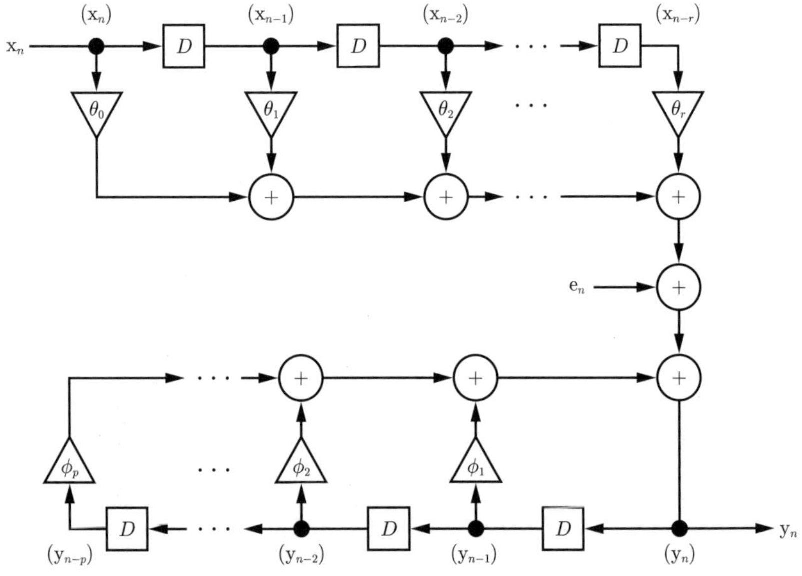

図 7.2　IIR システムを拡張した ARX モデル

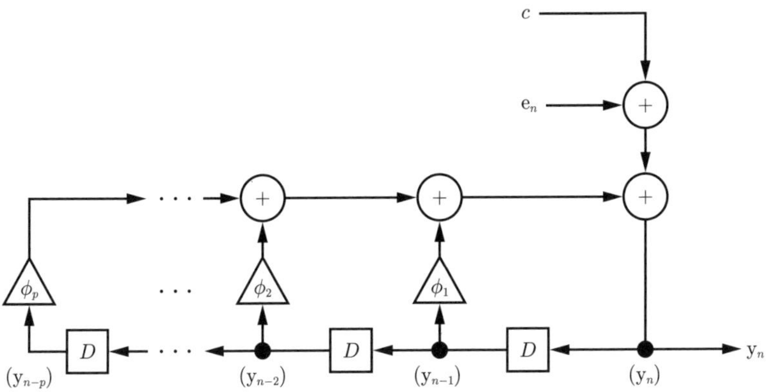

図 **7.3**　AR モデルの構成図

自己回帰外因性モデルと信号処理システム

AR モデルは ARX モデルの特別な場合であり，ARX モデルは FIR システムや IIR システムのような信号処理システムを確率モデルとして拡張したものとみなすことができる．特に，AR モデルは入力信号を必要としない特殊な IIR システムを確率モデル化したものである．

8 確率モデルを用いた信号処理

8.1 確率モデルを用いた推論

離散時間システム $\mathbf{y} = \mathcal{S}[\mathbf{x}]$ において，入力信号 $\mathbf{x}$ と出力信号 $\mathbf{y}$ のどちらか一方の信号が不明である場合を考える．このような場合，確率的モデリングの方法では，条件付き分布を用いることでもう片方の信号値を推定することができる．まず，出力信号 $\mathbf{y}$ が不明な場合を考える．確率的モデリングの方法では，システムの入力 $\mathbf{x}$ と出力 $\mathbf{y}$ の関係性は条件付き分布 $p(\boldsymbol{y}|\boldsymbol{x})$ としてモデル化される．出力信号 $\mathbf{y}$ を推定する一つの方法は，システムをモデル化した条件付き分布 $p(\boldsymbol{y}|\boldsymbol{x} = \mathbf{x})$ から乱数を生成することである．

$$\widehat{\mathbf{y}} \sim p(\boldsymbol{y}|\boldsymbol{x} = \mathbf{x}) \tag{8.1}$$

条件付き分布から乱数 $\widehat{\mathbf{y}}_1, \widehat{\mathbf{y}}_2, \ldots$ を生成することで，設計したモデル内での出力信号のさまざまな候補を確認することができる．また，条件付き分布の関数値が最大となる実現値

$$\widehat{\mathbf{y}} = \underset{\boldsymbol{y}}{\operatorname{argmax}}\, p(\boldsymbol{y}|\boldsymbol{x} = \mathbf{x}) \tag{8.2}$$

を求めることで，設計したモデル内で最もそれらしい出力信号の推定値を得ることもできる．ここで，$\underset{\boldsymbol{x}}{\operatorname{argmax}}\, f(\boldsymbol{x})$ は関数 $f(\boldsymbol{x})$ を最大にする変数値 $\boldsymbol{x} = \widehat{\mathbf{x}}$ を意味している．

つぎに，入力信号 $\mathbf{x}$ が不明な場合を考える．この場合も基本的な考え方は同

じである．入力信号 $\mathbf{x}$ が不明な場合は，条件付き分布 $p(\boldsymbol{x}|\boldsymbol{y}=\mathbf{y})$ によって入力信号 $\mathbf{x}$ の推定を行う．入力信号 $\mathbf{x}$ を推定する一つの方法は，条件付き分布 $p(\boldsymbol{x}|\boldsymbol{y}=\mathbf{y})$ から乱数

$$\widehat{\mathbf{x}} \sim p(\boldsymbol{x}|\boldsymbol{y}=\mathbf{y}) \tag{8.3}$$

を生成することであり，これによって設計したモデル内での入力信号のさまざまな候補を確認することができる．また，設計したモデル内での最もそれらしい推定値は条件付き分布を最大にする実現値

$$\widehat{\mathbf{x}} = \underset{\boldsymbol{x}}{\operatorname{argmax}}\, p(\boldsymbol{x}|\boldsymbol{y}=\mathbf{y}) \tag{8.4}$$

を求めることで得ることができる．このように，確率的モデリングの方法では目的に合わせて条件付き分布を設計（モデル化）することで目的の処理を行っていくことができる．確率的モデリングの方法では，信号処理の結果が使用した確率モデルに強く依存するため，使用する確率モデルをどのように設計したかが非常に重要になる．

確率モデルを用いた信号の推論

確率的モデリングの枠組みでは，条件付き分布を利用することで離散時間システム $\mathbf{y}=\mathcal{S}[\mathbf{x}]$ の入出力信号を推定することができる．入力信号 $\mathbf{x}$ から出力信号を推定する場合には条件付き分布 $p(\boldsymbol{y}|\boldsymbol{x}=\mathbf{x})$ を使用し，出力信号 $\mathbf{y}$ から入力信号を推定する場合には条件付き分布 $p(\boldsymbol{x}|\boldsymbol{y}=\mathbf{y})$ を使用する．

8.2 事前分布と事後分布

不規則信号の入出力関係に関する条件付き分布 $p(\boldsymbol{y}|\boldsymbol{x})$ はシステムを確率モデルとして表すことで設計することができるが，入力信号 $\mathbf{x}$ を推定するためには条件付き分布 $p(\boldsymbol{x}|\boldsymbol{y})$ が必要となる．条件付き分布 $p(\boldsymbol{x}|\boldsymbol{y})$ を設計する基本的

な方針は，まず結合分布 $p(\boldsymbol{x}, \boldsymbol{y})$ を確率モデルとして設計してしまうことである．結合分布 $p(\boldsymbol{x}, \boldsymbol{y})$ を設計することができれば，事後分布は

$$p(\boldsymbol{x}|\boldsymbol{y}) = \frac{p(\boldsymbol{x}, \boldsymbol{y})}{p(\boldsymbol{y})} = \frac{p(\boldsymbol{x}, \boldsymbol{y})}{\displaystyle\int p(\boldsymbol{x}, \boldsymbol{y})\,\mathrm{d}\boldsymbol{x}} \tag{8.5}$$

の計算で得ることができる．条件付き分布 $p(\boldsymbol{y}|\boldsymbol{x})$ はシステムをモデル化することですでに得られているため，結合分布 $p(\boldsymbol{x}, \boldsymbol{y})$ は確率分布 $p(\boldsymbol{x})$ を新たにモデル化することで

$$p(\boldsymbol{x}, \boldsymbol{y}) = p(\boldsymbol{y}|\boldsymbol{x})p(\boldsymbol{x}) \tag{8.6}$$

のように計算することができる．式 (8.5) と式 (8.6) を組み合わせることで，条件付き分布 $p(\boldsymbol{x}|\boldsymbol{y})$ は

$$p(\boldsymbol{x}|\boldsymbol{y}) = \frac{p(\boldsymbol{y}|\boldsymbol{x})p(\boldsymbol{x})}{\displaystyle\int p(\boldsymbol{y}|\boldsymbol{x})p(\boldsymbol{x})\,\mathrm{d}\boldsymbol{x}} \tag{8.7}$$

のように設計することができるが，この計算式は式 (5.8) のベイズの定理そのものである．また，条件付き分布 $p(\boldsymbol{x}|\boldsymbol{y})$ を考える場合には，実現値 $\boldsymbol{y} = \mathbf{y}$ がすでに得られている前提があるので，$p(\boldsymbol{y} = \mathbf{y})$ が定数（関数値）となることを考えると，式 (8.7) は

$$p(\boldsymbol{x}|\boldsymbol{y} = \mathbf{y}) \propto p(\boldsymbol{y} = \mathbf{y}|\boldsymbol{x})p(\boldsymbol{x}) \tag{8.8}$$

のように条件付き分布 $p(\boldsymbol{x}|\boldsymbol{y} = \mathbf{y})$ を設計するものと考えることもできる．

式 (8.7) や式 (8.8) の設計方針は二つの確率分布 $p(\boldsymbol{y}|\boldsymbol{x}), p(\boldsymbol{x})$ を設計すればベイズの定理によって条件付き分布 $p(\boldsymbol{x}|\boldsymbol{y})$ が得られることを意味している．この設計方法は，入力信号に関する確率分布 $p(\boldsymbol{x})$ を実現値 $\boldsymbol{y} = \mathbf{y}$ によって条件付き分布 $p(\boldsymbol{x}|\boldsymbol{y} = \mathbf{y})$ に変化させるものであるため，この計算で用いられる確率分布 $p(\boldsymbol{x})$ を実現値 $\boldsymbol{y} = \mathbf{y}$ が得られる前の**事前分布** (prior distribution) といい，条件付き分布 $p(\boldsymbol{x}|\boldsymbol{y} = \mathbf{y})$ を実現値 $\boldsymbol{y} = \mathbf{y}$ が得られた後の**事後分布** (posterior distribution) という．

事前分布と事後分布

信号処理システムの確率モデルが $p(\boldsymbol{y}|\boldsymbol{x})$ のように設計されている場合には，事前分布 $p(\boldsymbol{x})$ を設計することで事後分布 $p(\boldsymbol{x}|\boldsymbol{y})$ を導出することができる．事前分布 $p(\boldsymbol{x})$ は実現値 $\boldsymbol{y} = \mathbf{y}$ が得られる前での入力信号 $\boldsymbol{x}$ の確率分布であり，事後分布 $p(\boldsymbol{x}|\boldsymbol{y} = \mathbf{y})$ は実現値 $\boldsymbol{y} = \mathbf{y}$ の情報を利用した $\mathbf{y}$ が得られた後での入力信号 $\mathbf{x}$ の確率分布である．

8.3 出力信号の推定

図 8.1 の入力信号 $\mathbf{x} = [\mathrm{x}_0, \ldots, \mathrm{x}_{N-1}]$ が得られたときの，ノイズ付加システム

$$\mathrm{y}_n = \mathrm{x}_n + \mathrm{e}_n \tag{8.9}$$

の出力 $\mathbf{y} = [\mathrm{y}_0, \ldots, \mathrm{y}_{N-1}]$ を推定する問題を考える．このシステムは ARX モデルの一種であり，その構成図は**図 8.2** のようになる．撹乱項 e_n を平均 0，標

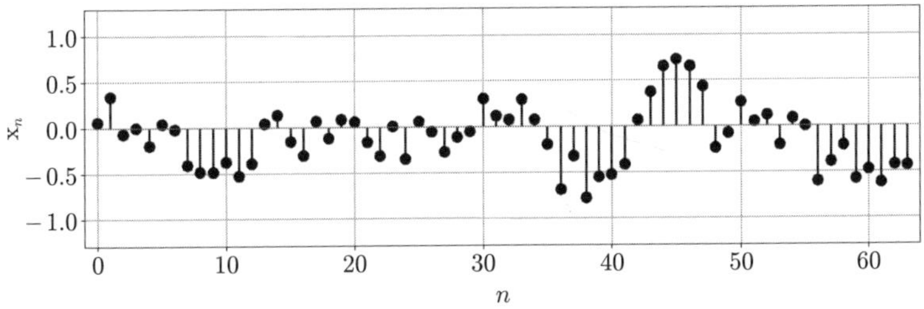

図 8.1 入力信号 $\mathbf{x}$

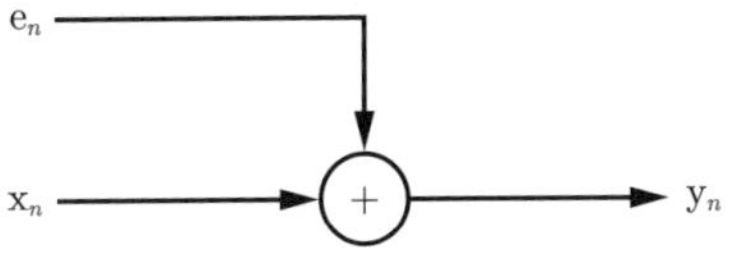

図 8.2 ノイズ付加システムの構成図

準偏差 σ_y のガウス分布に従う乱数と仮定して

$$\mathrm{e}_n \sim \mathcal{N}(e_n; 0, \sigma_y) \tag{8.10}$$

のように設計すると，式 (8.9) のシステムの条件付き分布は

$$p(\boldsymbol{y}|\boldsymbol{x}) = \prod_{n=0}^{N-1} \mathcal{N}(y_n; x_n, \sigma_y) \tag{8.11}$$

のように表すことができる．

条件付き分布 $p(\boldsymbol{y}|\boldsymbol{x})$ が設計できれば，入力信号 $\boldsymbol{x} = \mathbf{x}$ を代入することで，条件付き分布から出力信号 $\mathbf{y}$ を推定することができる．条件付き分布 $p(\boldsymbol{y}|\boldsymbol{x} = \mathbf{x})$ から生成された 3 種類の出力信号（乱数）の例を図 **8.3**〜**8.5** に示す．このように，複数の出力信号の例を作成し調査することで，設計したモデルの範囲内でどのような出力信号がありうるのかを確認することができる．また，設計した確率モデル $p(\boldsymbol{y}|\boldsymbol{x})$ がなんらかの測定システムをモデル化したものであった

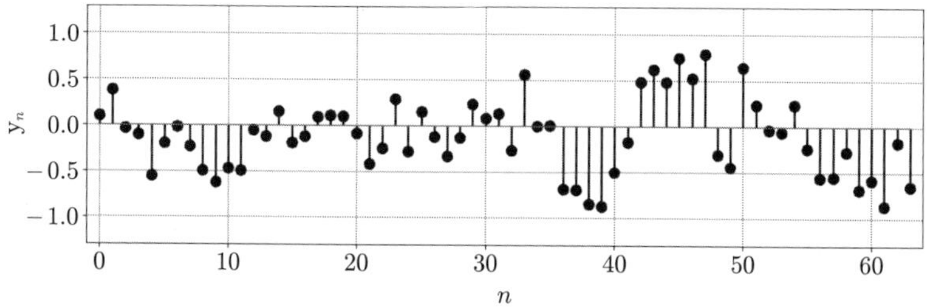

図 **8.3**　出力信号の例 1

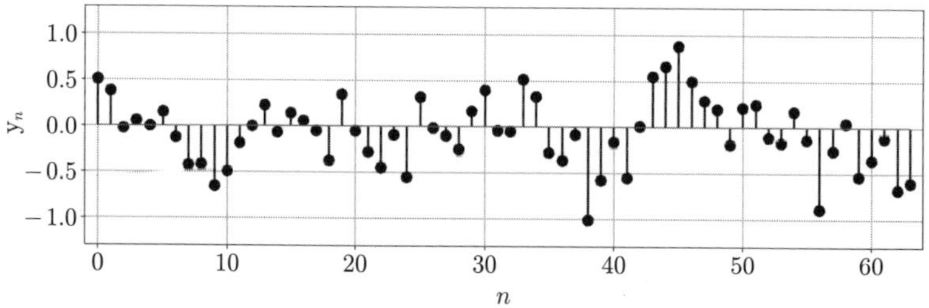

図 **8.4**　出力信号の例 2

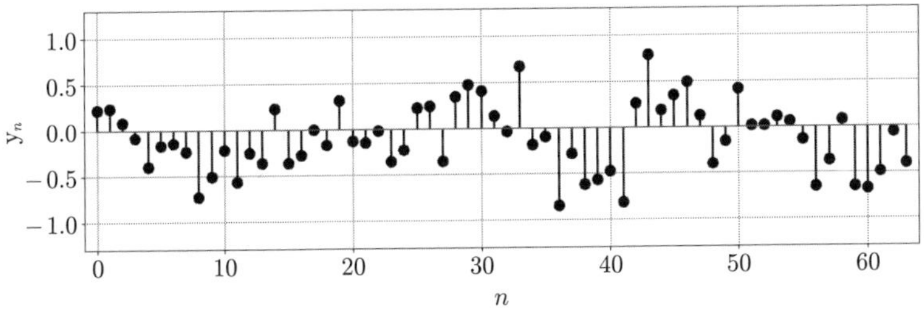

図 **8.5** 出力信号の例 3

場合，複数の出力信号の例 $\mathbf{y}_1, \mathbf{y}_2, \mathbf{y}_3, \ldots$ を用意しておくことができれば，実際に出力信号 $\mathbf{y}$ が測定されたときに，これらの例と比較することで設計した確率モデルの妥当性を検証することもできる．

設計した確率モデルの範囲内での最もそれらしい出力信号は，条件付き分布 $p(\boldsymbol{y}|\boldsymbol{x} = \mathbf{x})$ を最大にする実現値を求めることで得ることができる．式 (8.11) の条件付き分布を最大にする実現値は

$$\hat{\mathbf{y}} = \operatorname*{argmax}_{\boldsymbol{y}} p(\boldsymbol{y}|\boldsymbol{x} = \mathbf{x}) = \operatorname*{argmax}_{\boldsymbol{y}} \prod_{n=0}^{N-1} \mathcal{N}(y_n; \mathrm{x}_n, \sigma_y) = \mathbf{x} \qquad (8.12)$$

のように計算でき，式 (8.11) の確率モデルの範囲内では，条件付き分布 $p(\boldsymbol{y}|\boldsymbol{x} = \mathbf{x})$ を最大にする実現値は入力信号 $\mathbf{x}$ 自身となる．

> **出力信号の推定**
>
> 信号処理システムの確率モデル $p(\boldsymbol{y}|\boldsymbol{x})$ が得られている場合には，条件付き分布 $p(\boldsymbol{y}|\boldsymbol{x} = \mathbf{x})$ によって出力信号 $\mathbf{y}$ を推定することができる．出力信号の推定方法には，$p(\boldsymbol{y}|\boldsymbol{x} = \mathbf{x})$ から乱数を生成する方法や $p(\boldsymbol{y}|\boldsymbol{x} = \mathbf{x})$ の関数値を最大にする実現値 $\boldsymbol{y} = \hat{\mathbf{y}}$ を求める方法などがある．

8.4 入力信号の推定

前節のノイズ付加システム（式 (8.9)）の出力として，**図 8.6** のような出力信号 $\mathbf{y} = [\mathrm{y}_0, \ldots, \mathrm{y}_{N-1}]$ が得られているとする．この出力信号 $\mathbf{y}$ からシステムに

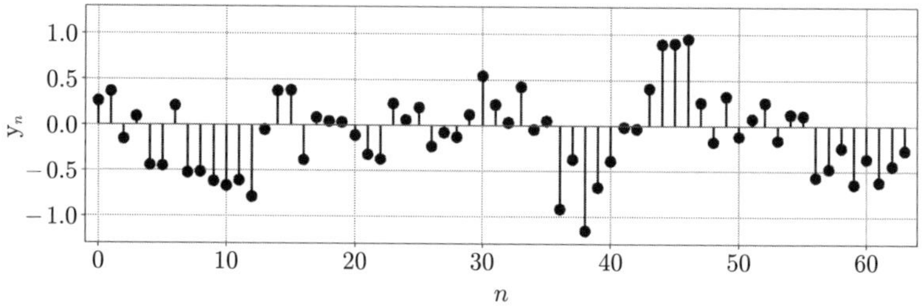

図 **8.6**　出力信号 $\mathbf{y}$

入力された信号 $\mathbf{x} = [\mathrm{x}_0, \ldots, \mathrm{x}_{N-1}]$ を推定する問題を考える．この問題は条件付き分布 $p(\boldsymbol{x}|\boldsymbol{y})$ を設計することで取り組むことができ，システムの確率モデル $p(\boldsymbol{x}|\boldsymbol{y})$ は式 (8.11) で得られているので，結合分布 $p(\boldsymbol{x}, \boldsymbol{y})$ を設計するためには事前分布 $p(\boldsymbol{x})$ を新たに設計する必要がある．

事前分布 $p(\boldsymbol{x})$ は実現値 $\boldsymbol{y} = \mathbf{y}$ が得られる前の入力信号 $\mathbf{x}$ に関する確率分布である．そのため，事前分布 $p(\boldsymbol{x})$ は「そもそもわれわれはどのような信号を入力信号と考えているか」というわれわれの先見知識を確率分布としてモデル化したものである．意味のある信号というものは直近の信号値となんらかの関係性がある（自己相関がある）と考えられるため，ここでは入力信号 $\mathbf{x}$ の事前分布を一次の AR モデルとして

$$\mathrm{x}_n = \phi \mathrm{x}_{n-1} + \mathrm{w}_n \tag{8.13}$$

のように設計する．ここで，撹乱項 w_n を平均 0，標準偏差 σ_y のガウス分布に従う乱数

$$\mathrm{w}_n \sim \mathcal{N}(w_n; 0, \sigma_x) \tag{8.14}$$

とし，初期値 x_0 の確率分布はガウス分布

$$p(x_0) = \mathcal{N}(x_0; \mu_0, \sigma_0) \tag{8.15}$$

であるとする．式 (8.13)〜(8.15) のように仮定することで，入力信号 $\mathbf{x}$ の事前分布は

$$p(\boldsymbol{x}) = p(x_0) \prod_{n=1}^{N-1} p(x_n|x_{n-1})$$

$$= \mathcal{N}(x_0; \mu_0, \sigma_0) \prod_{n=1}^{N-1} \mathcal{N}(x_n; \phi x_{n-1}, \sigma_x) \tag{8.16}$$

のように表すことができる．

式 (8.11), (8.16) を式 (8.8) に代入して整理することで，事後分布 $p(\boldsymbol{x}|\boldsymbol{y} = \mathbf{y})$ は

$$p(\boldsymbol{x}|\boldsymbol{y} = \mathbf{y}) \propto \exp(-H(\boldsymbol{x}|\boldsymbol{y} = \mathbf{y})) \tag{8.17}$$

$$H(\boldsymbol{x}|\boldsymbol{y} = \mathbf{y}) = \frac{1}{2\sigma^2} x_0^2 + \frac{1}{2\sigma_x^2} \sum_{n=1}^{N-1} (x_n - \phi x_{n-1})^2 + \frac{1}{2\sigma_y^2} \sum_{n=0}^{N-1} (\mathrm{y}_n - x_n)^2 \tag{8.18}$$

のように表すことができる．設計したモデルの範囲内で最もそれらしい入力信号は式 (8.17) の事後分布 $p(\boldsymbol{x}|\boldsymbol{y} = \mathbf{y})$ を最大にする実現値

$$\widehat{\mathbf{x}} = \operatorname*{argmax}_{\boldsymbol{x}} p(\boldsymbol{x}|\boldsymbol{y} = \mathbf{y}) \tag{8.19}$$

を計算することで得ることができる．指数関数の単調性から，事後分布 $p(\boldsymbol{x}|\boldsymbol{y} = \mathbf{y})$ の値を最大にする信号 $\boldsymbol{x} = \widehat{\mathbf{x}}$ は式 (8.18) の $H(\boldsymbol{x}|\boldsymbol{y} = \mathbf{y})$ を最小にする信号でもある．$H(\boldsymbol{x}|\boldsymbol{y} = \mathbf{y})$ の最小値では各変数 x_n での偏微分が 0 となるので

$$\frac{\partial H}{\partial x_n} = \begin{cases} \left(\dfrac{1}{\sigma^2} + \dfrac{\phi^2}{\sigma_x^2} + \dfrac{1}{\sigma_y^2}\right) x_0 - \dfrac{\phi}{\sigma_x^2} x_1 - \dfrac{1}{\sigma_y^2} \mathrm{y}_0 & (n = 0) \\ -\dfrac{\phi}{\sigma_x^2} x_{n-1} + \left(\dfrac{1}{\sigma_x^2}(1 + \phi^2) + \dfrac{1}{\sigma_y^2}\right) x_n - \dfrac{\phi}{\sigma_x^2} x_{n+1} - \dfrac{1}{\sigma_y^2} \mathrm{y}_n & (n \neq 0, N-1) \\ -\dfrac{\phi}{\sigma_x^2} x_{N-2} + \left(\dfrac{1}{\sigma_x^2} + \dfrac{1}{\sigma_y^2}\right) x_{N-1} - \dfrac{1}{\sigma_y^2} \mathrm{y}_{N-1} & (n = N-1) \end{cases} \tag{8.20}$$

より，推定信号 $\boldsymbol{x} = \widehat{\mathbf{x}}$ は連立方程式

$$
\begin{cases}
\left(\dfrac{1}{\sigma^2}+\dfrac{\phi^2}{\sigma_x^2}+\dfrac{1}{\sigma_y^2}\right)x_0-\dfrac{\phi}{\sigma_x^2}x_1=\dfrac{1}{\sigma_y^2}\mathrm{y}_0 \\
-\dfrac{\phi}{\sigma_x^2}x_0+\left(\dfrac{1}{\sigma_x^2}(1+\phi^2)+\dfrac{1}{\sigma_y^2}\right)x_1-\dfrac{\phi}{\sigma_x^2}x_2=\dfrac{1}{\sigma_y^2}\mathrm{y}_1 \\
-\dfrac{\phi}{\sigma_x^2}x_1+\left(\dfrac{1}{\sigma_x^2}(1+\phi^2)+\dfrac{1}{\sigma_y^2}\right)x_2-\dfrac{\phi}{\sigma_x^2}x_3=\dfrac{1}{\sigma_y^2}\mathrm{y}_2 \\
\vdots \\
-\dfrac{\phi}{\sigma_x^2}x_{N-2}+\left(\dfrac{1}{\sigma_x^2}+\dfrac{1}{\sigma_y^2}\right)x_{N-1}=\dfrac{1}{\sigma_y^2}\mathrm{y}_{N-1}
\end{cases}
\tag{8.21}
$$

の解として与えられる．図 8.6 の出力信号 $\mathbf{y}$ から式 (8.21) の連立方程式を解くことで得られた入力信号の推定結果 $\widehat{\mathbf{x}}$ を**図 8.7** に示す．出力信号 $\mathbf{y}$ は入力信号にノイズを付加したものであったため，推定された入力信号 $\widehat{\mathbf{x}}$ はノイズによる振動が抑えられた信号になっている．入力信号を推定する場合も，事後分布 $p(\boldsymbol{x}|\boldsymbol{y}=\mathbf{y})$ からの乱数生成によって入力信号の例を作成することができる．式 (8.17) の事後分布からの乱数生成には周辺分布 $p(x_n|\boldsymbol{y}=\mathbf{y})$ を計算する必要があるが，このためのテクニックであるカルマン平滑化については 10.6 節で扱うことにする．

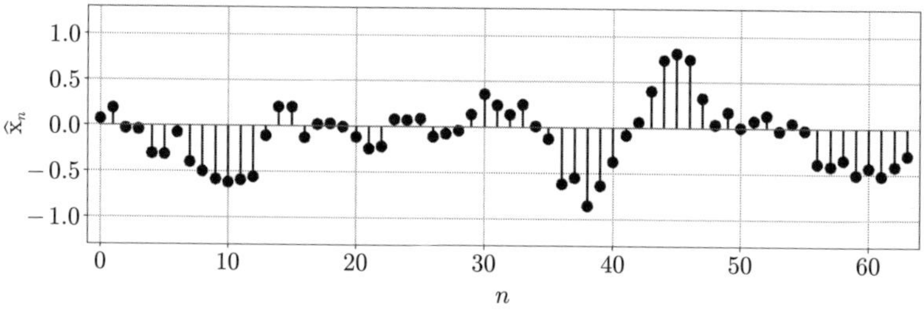

図 8.7　事後確率分布 $p(\boldsymbol{x}|\boldsymbol{y}=\mathbf{y})$ の値が最も大きい入力信号の推定結果 $\widehat{\mathbf{x}}$

入力信号の推定

信号処理システムの確率モデル $p(\boldsymbol{y}|\boldsymbol{x})$ と事前分布 $p(\boldsymbol{x})$ が得られている場合には，事後分布 $p(\boldsymbol{x}|\boldsymbol{y}=\mathbf{y})$ によって入力信号 $\mathbf{x}$ を推定することができる．入力信号の推定方法には，$p(\boldsymbol{x}|\boldsymbol{y}=\mathbf{y})$ から乱数を生成する方法や

$p(\boldsymbol{x}|\boldsymbol{y}=\mathbf{y})$ の関数値を最大にする実現値 $\boldsymbol{x}=\widehat{\mathbf{x}}$ を求める方法などがある．

8.5 確率モデルのパラメータ推定

前節や前々節の方法を実際に実行するためには，確率分布のパラメータもなんらかの方法で決定する必要がある．式 (8.11), (8.16) のように確率分布を設計すると，結合分布 $p(\boldsymbol{x},\boldsymbol{y})$ には

$$
\begin{aligned}
&p(\boldsymbol{x},\boldsymbol{y};\phi_x,\sigma_x,\sigma_y)\\
&\quad=p(x_0)\left(\prod_{n=1}^{N-1}\mathcal{N}(x_n;\phi_x x_{n-1},\sigma_x)\right)\left(\prod_{n=0}^{N-1}\mathcal{N}(y_n;x_n,\sigma_y)\right)
\end{aligned}
\tag{8.22}
$$

のように 3 種類のパラメータ ϕ_x,σ_x,σ_y が存在する．本節では，これらのパラメータを最尤推定の方法で決定する方針を採用したとき，どのような場合にこれらのパラメータが決定可能かについて考える．

まず，入出力信号 $\mathbf{x},\mathbf{y}$ の両方が利用可能な場合を考える．式 (8.22) から，この場合の対数尤度は

$$
\begin{aligned}
&L(\phi_x,\sigma_x,\sigma_y)\\
&\quad=\ln p(\boldsymbol{x}=\mathbf{x},\boldsymbol{y}=\mathbf{y};\phi_x,\sigma_x^2,\sigma_y^2)\\
&\quad=-\frac{1}{2\sigma_x^2}\sum_{n=1}^{N-1}(\mathrm{x}_n-\phi_x\mathrm{x}_{n-1})^2-\frac{N-1}{2}\ln\sigma_x^2-\frac{N-1}{2}\ln 2\pi\\
&\qquad-\frac{1}{2\sigma_y^2}\sum_{n=0}^{N-1}(\mathrm{y}_n-\mathrm{x}_n)^2-\frac{N}{2}\ln\sigma_y^2-\frac{N}{2}\ln 2\pi+\ln p(x_0=\mathrm{x}_0)
\end{aligned}
\tag{8.23}
$$

のように整理することができる．最尤推定の枠組みでは

$$
(\widehat{\phi}_x,\widehat{\sigma}_x,\widehat{\sigma}_y)=\operatorname*{argmax}_{\phi_x,\sigma_x,\sigma_y} L(\phi_x,\sigma_x,\sigma_y) \tag{8.24}
$$

となるパラメータ $\widehat{\phi}_x, \widehat{\sigma}_x, \widehat{\sigma}_y$ を確率分布のパラメータとして採用する．対数尤度の最大値では，各パラメータでの偏微分が 0 となるので，それぞれの偏微分を計算すると

$$\frac{\partial L}{\partial \phi_x} = \frac{1}{\sigma_x^2} \sum_{n=1}^{N-1} \mathrm{x}_{n-1}(\mathrm{x}_n - \phi_x \mathrm{x}_{n-1}) = 0 \tag{8.25}$$

$$\frac{\partial L}{\partial \sigma_x^2} = \frac{1}{2(\sigma_x^2)^2} \sum_{n=1}^{N-1} (\mathrm{x}_n - \phi_x \mathrm{x}_{n-1})^2 - \frac{N-1}{2\sigma_x^2} = 0 \tag{8.26}$$

$$\frac{\partial L}{\partial \sigma_y^2} = \frac{1}{2(\sigma_y^2)^2} \sum_{n=0}^{N-1} (\mathrm{y}_n - \mathrm{x}_n)^2 - \frac{N}{2\sigma_y^2} = 0 \tag{8.27}$$

が得られ，これらの式を解くとパラメータの推定値

$$\widehat{\phi}_x = \left(\sum_{n=1}^{N-1} \mathrm{x}_n \mathrm{x}_{n-1} \right) \Bigg/ \left(\sum_{n=1}^{N-1} \mathrm{x}_{n-1}^2 \right) \tag{8.28}$$

$$\widehat{\sigma}_x^2 = \frac{1}{N-1} \sum_{n=1}^{N-1} (\mathrm{x}_n - \widehat{\phi}_x \mathrm{x}_{n-1})^2 \tag{8.29}$$

$$\widehat{\sigma}_y^2 = \frac{1}{N} \sum_{n=0}^{N-1} (\mathrm{y}_n - \mathrm{x}_n)^2 \tag{8.30}$$

が得られる．しかしながら，入出力信号の両方が使用可能であればそもそもどちらかの信号値を推定する必要はないため，この推定方針はあまり現実的ではない．

つぎに，入力信号 $\mathbf{x}$ のみが利用可能な場合を考える．この場合は周辺分布 $p(\boldsymbol{x})$ での対数尤度を考えることになるが

$$\begin{aligned} \int p(\boldsymbol{x}, \boldsymbol{y}; \phi_x, \sigma_x, \sigma_y)\, \mathrm{d}\boldsymbol{y} &= \int p(\boldsymbol{y}|\boldsymbol{x}; \sigma_y) p(\boldsymbol{x}; \phi_x, \sigma_x)\, \mathrm{d}\boldsymbol{y} \\ &= p(\boldsymbol{x}; \phi_x, \sigma_x) \end{aligned} \tag{8.31}$$

であるため，周辺分布での対数尤度は

$$L(\phi_x, \sigma_x) = -\frac{1}{2\sigma_x^2} \sum_{n=1}^{N-1} (\mathrm{x}_n - \phi_x \mathrm{x}_{n-1})^2 - \frac{N-1}{2} \ln \sigma_x^2 - \frac{N-1}{2} \ln 2\pi \tag{8.32}$$

となり，この方針ではパラメータ σ_y を推定することができない．σ_y は条件付き分布 $p(\boldsymbol{y}|\boldsymbol{x};\sigma_y)$ のパラメータであるため，実現値 $\boldsymbol{y}=\mathbf{y}$ の情報がなければこのパラメータは推定することはできないのである．式 (8.32) の対数尤度を最大にするパラメータは式 (8.28), (8.29) と同じである．

最後に，利用可能な信号が出力信号 $\mathbf{y}$ のみである場合を考える．この場合は，周辺分布 $p(\boldsymbol{y})$ での対数尤度を用いて最尤推定を行う．

$$\begin{aligned} p(\boldsymbol{y};\phi_x,\sigma_x,\sigma_y) &= \int p(\boldsymbol{x},\boldsymbol{y};\phi_x,\sigma_x,\sigma_y)\,\mathrm{d}\boldsymbol{x} \\ &= \int p(\boldsymbol{y}|\boldsymbol{x};\sigma_y)p(\boldsymbol{x};\phi_x,\sigma_x)\,\mathrm{d}\boldsymbol{x} \end{aligned} \tag{8.33}$$

であるため，周辺分布での対数尤度は

$$L(\phi_x,\sigma_x,\sigma_y) = \ln\left(\int p(\boldsymbol{y}=\mathbf{y}|\boldsymbol{x};\sigma_y)p(\boldsymbol{x};\phi_x,\sigma_x)\,\mathrm{d}\boldsymbol{x}\right) \tag{8.34}$$

となり，この方針での最尤推定を行うためには EM アルゴリズムを用いることとなる．入力信号 $\mathbf{x}$ のみが利用可能な場合と違い，出力信号 $\mathbf{y}$ のみが利用可能な場合ではすべてのパラメータを推定することが可能である．しなしながら，この EM アルゴリズムの計算にはやや特殊なテクニックが必要となる．この方法については 10.7 節で扱っていく．

確率分布のパラメータ推定

確率モデル $p(\boldsymbol{x},\boldsymbol{y})=p(\boldsymbol{y}|\boldsymbol{x})p(\boldsymbol{x})$ を用いた信号処理では，最尤推定の方法でパラメータが推定できる場合と推定できない場合がある．入力信号 $\mathbf{x}$ のみが利用可能な場合には，確率モデル $p(\boldsymbol{y}|\boldsymbol{x})$ のパラメータを推定することはできず，最尤推定以外の方法で確率モデルのパラメータを決める必要がある．出力信号 $\mathbf{y}$ のみが利用可能な場合には，EM アルゴリズムを利用することで確率モデル $p(\boldsymbol{x},\boldsymbol{y})$ のパラメータを推定することができる．

9 グラフィカルモデル

9.1 グ　ラ　フ

図 9.1 のように，丸と線または矢印で表される図のことを**グラフ** (graph) と呼ぶ．図の丸い部分は**頂点** (vertex) と呼ばれ，頂点どうしを結ぶ線や矢印のことは**辺** (edge) と呼ばれる．グラフの辺には向きをもつ辺とそうでない辺の 2 種類があり，矢印で表される向きのある辺のことを**有向辺** (directed edge)，線で表される向きのない辺のことを**無向辺** (undirected edge) という．

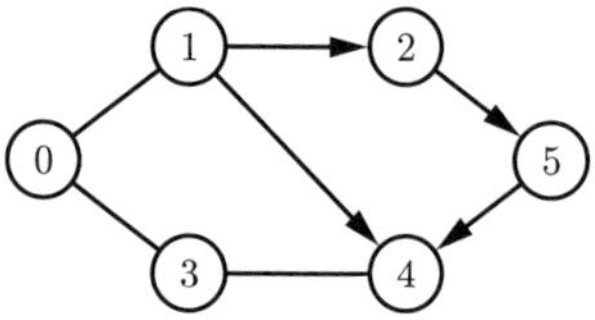

図 9.1　グラフの例

グラフ G は頂点の集合 V と辺の集合 E のペアとして $G = (V, E)$ のように表される．E の要素は V の要素の対であり，$ⓘ, ⓙ \in V$ としたとき，無向辺を $\{ⓘ, ⓙ\}$，有向辺を $(ⓘ, ⓙ)$ でそれぞれ表すことにする．頂点 $ⓘ, ⓙ$ の間に無向辺が存在すれば $\{ⓘ, ⓙ\} \in E$ であり，頂点 ⓘ から頂点 ⓙ への有向辺があれば $(ⓘ, ⓙ) \in E$ である．また，無向辺と有向辺の性質から，$\{ⓘ, ⓙ\} = \{ⓙ, ⓘ\}, (ⓘ, ⓙ) \neq (ⓙ, ⓘ)$ である．

例 9.1

図 9.1 のグラフを表現する集合 V, E のペアを求める．

図 9.1 のグラフを集合 V, E のペアとして表現すると，それぞれの集合は

$$V = \{⓪, ①, ②, ③, ④, ⑤\}$$

$$E = \{\{⓪, ①\}, \{⓪, ③\}, (①, ②), (①, ④), (②, ⑤), \{③, ④\}, (⑤, ④)\}$$

となる．

グラフ

丸と線または矢印で表される図のこと．グラフの丸い部分は頂点と呼ばれ，グラフの線と矢印は辺と呼ばれる．線で表される辺は無向辺であり，矢印で表される辺は有向辺である．グラフは頂点の集合と辺の集合の二つを指定することで定めることができる．

9.2 無向グラフと有向グラフ

辺がすべて無向辺であるグラフは**無向グラフ** (undirected graph) と呼ばれる．無向グラフの例を**図 9.2** に示す．無向グラフに無向辺 $\{ⓘ, ⓙ\}$ が存在するとき，頂点 ⓘ と頂点 ⓙ は**隣接** (adjacent) しているといい，頂点 ⓘ に隣接する頂点の集合を ad(ⓘ) で表す．無向グラフでは，無向辺をたどっていくことである頂点から他の頂点へとグラフ上を移動することができる．頂点 ⓘ から無向辺をたどって頂点 ⓙ に移動できるとき，このときにたどった頂点の並びを頂点 ⓘ から頂点 ⓙ への**無向経路** (undirected path) という．無向経路の始点と終点が同じ頂点であるとき，この無向経路のことを**無向閉路** (undirected cycle) という．

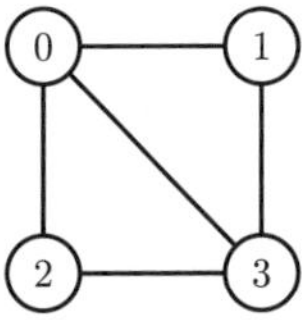

図 9.2 無向グラフの例

辺がすべて有向辺であるグラフは**有向グラフ** (directed graph) と呼ばれる．

有向グラフの例を**図 9.3** に示す．有向グラフでは，有向辺の矢印によってグラフ上を移動できる方向が制限される．頂点 ⓘ から有向辺をたどって頂点 ⓙ に移動できるとき，このときにたどった頂点の並びを頂点 ⓘ から頂点 ⓙ への**有向経路** (directed path) という．また，有向経路の始点と終点が同じ頂点であるとき，この有向経路のことを**有向閉路** (directed cycle) という．例えば，図 9.3 は有向グラフには ⓪ → ① → ③ → ⓪ や ⓪ → ② → ③ → ⓪ といった有向閉路がある．有向閉路が存在しない有向グラフは**有向非巡回グラフ** (directed acyclic graph) と呼ばれる．有向非巡回グラフの例を**図 9.4** に示す．

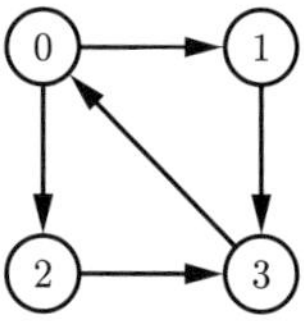

図 9.3　有向グラフの例

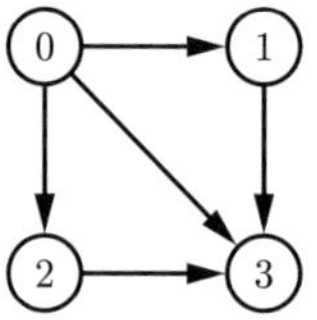

図 9.4　有向非巡回グラフの例

有向グラフでは，辺 (ⓘ, ⓙ) は頂点 ⓘ から頂点 ⓙ への矢印を表している．このとき，矢印の根元 (tail) にある頂点 i はこの有向辺の**親** (parent) と呼ばれ，矢印の先 (head) にある頂点 j は**子** (child) と呼ばれる．以後，頂点 ⓘ の親の集合を pa(ⓘ) と表記する．

例 9.2

図 9.2 の無向グラフを表現する集合 V, E のペアと各頂点に隣接する頂点の集合を求める．

この無向グラフを表現する集合 V, E は

$$V = \{⓪, ①, ②, ③\}$$
$$E = \{\{⓪, ①\}, \{⓪, ②\}, \{⓪, ③\}, \{①, ③\}, \{②, ③\}\}$$

であり，各頂点に隣接する頂点の集合は

$$\mathrm{ad}(⓪) = \{①, ②, ③\}, \qquad \mathrm{ad}(①) = \{⓪, ③\}$$

$$\mathrm{ad}(②) = \{⓪, ③\}, \qquad \mathrm{ad}(③) = \{⓪, ①, ②\}$$

で与えられる．

例 9.3

図 9.4 の有向グラフを表現する集合 V, E のペアと各頂点の親の集合を求める．

この有向グラフを表現する集合 V, E は

$$V = \{⓪, ①, ②, ③\}$$
$$E = \{(⓪, ①), (⓪, ②), (⓪, ③), (①, ③), (②, ③)\}$$

であり，各頂点の親の集合は

$$\mathrm{pa}(⓪) = \emptyset, \qquad \mathrm{pa}(①) = \{⓪\}, \qquad \mathrm{pa}(②) = \{⓪\}$$
$$\mathrm{pa}(③) = \{⓪, ①, ②\}$$

である．

無向グラフ

辺がすべて無向辺であるグラフのこと．

有向グラフ

辺がすべて有向辺であるグラフのこと．有向閉路をもたない有向グラフは有向非巡回グラフと呼ばれる．また，矢印の根本にある頂点は有向辺の親と呼ばれ，矢印の先にある頂点は有向辺の子と呼ばれる．

9.3 ベイジアンネットワーク

結合分布 $p(x,y)$ は積の規則を用いることで

$$p(x,y) = p(y|x)p(x) \tag{9.1}$$

のように分解することができる．このとき，確率変数 x,y を頂点に対応させ，条件付き分布 $p(y|x)$ に頂点 x から頂点 y への有向辺 (x,y) に対応させることで，結合分布（式 (9.1)）を図 **9.5** のような有向非巡回グラフで表すことができる．同じように，結合分布

$$p(x,y,z) = p(z|y)p(y|x)p(x) \tag{9.2}$$

は図 **9.6** の有向非巡回グラフで表される．このように，確率変数どうしの関係性はグラフを用いて表すことができ，確率分布をグラフで可視化したものを**グラフィカルモデル** (graphical model) という．特に，図 9.5 や図 9.6 のように有向非巡回グラフで確率分布を可視化したものは**ベイジアンネットワーク** (Bayesian network) と呼ばれる．

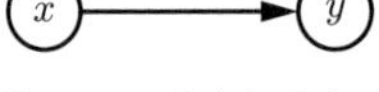

図 9.5　$p(y|x)p(x)$ のグラフ表現

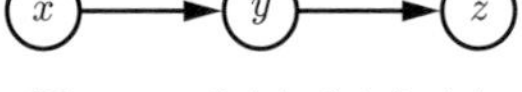

図 9.6　$p(z|y)p(y|x)p(x)$ のグラフ表現

積の規則を用いた結合分布 $p(x,y,z)$ の一般的な分解は

$$p(x,y,z) = p(z|x,y)p(y|x)p(x) \tag{9.3}$$

であり，式 (9.2) はこの分解に $p(z|x,y) = p(z|y)$ の制約を加えたものになっている．しかしながら，図 9.6 を見るとわれわれは即座に式 (9.2) の分解を見いだすことができる．このことは，図 9.6 のグラフが式 (9.2) のような分解をもつ結合分布の設計図となっていることを意味しており，$p(x), p(y|x), p(z|y)$ の

3 種類の確率分布を用意すれば図 9.6 のグラフをもつ結合分布 $p(x,y,z)$ を作ることができるのである．

一般的に，頂点集合を $V=\{x_0,\ldots,x_{N-1}\}$ とする有向非巡回グラフ $G=(V,E)$ が与えられたとき，このグラフ G をベイジアンネットワークとする $\boldsymbol{x}=[x_0,\ldots,x_{N-1}]$ の結合分布は

$$p(\boldsymbol{x})=\prod_{i=0}^{N-1}p(x_i|\mathrm{pa}(x_i)) \tag{9.4}$$

のように表すことができる．$\mathrm{pa}(x_i)$ が空集合の場合は $p(x_i|\emptyset)=p(x_i)$ である．つまり，グラフ G を設計図とする結合分布 $p(\boldsymbol{x})$ を得るためには，式 (9.4) 右辺にある確率分布を用意すればよいのである．確率的モデリングの方法では問題に合わせて結合分布を設計する必要があるが，確率変数どうしの関係性を有向非巡回グラフとして図示することができれば，そのグラフを用いて目的とする結合分布の設計方針を立てることができる．

例 9.4

一次の AR モデル

$$\mathrm{x}_n=c+\phi\mathrm{x}_{n-1}+\mathrm{e}_n$$

を考える．初期値と撹乱項を

$$\mathrm{x}_0\sim p(x_0)$$
$$\mathrm{e}_n\sim\mathcal{N}(e_n;0,\sigma)$$

としたとき，この AR モデルのベイジアンネットワークを考える．

撹乱項の仮定から確率変数 x_n の条件付き分布は

$$p(x_n|x_{n-1})=\mathcal{N}(x_n;c+\phi x,\sigma)$$

と表すことができるので，確率変数 $\boldsymbol{x}=[x_0,\ldots,x_{N-1}]$ の結合分布は

$$p(\boldsymbol{x}) = p(x_0) \prod_{n=1}^{N-1} p(x_n|x_{n-1})$$

となる．よって，式 (9.4) からこの AR モデルのベイジアンネットワークはつぎのような有向グラフで表される．

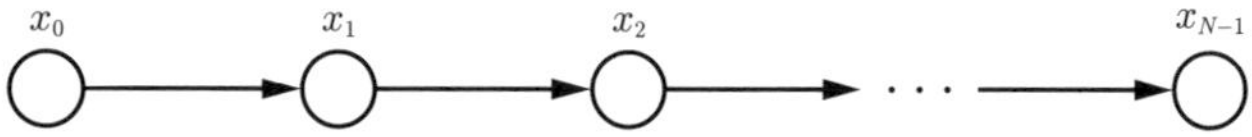

一次の AR モデルのベイジアンネットワーク

ベイジアンネットワーク

有向非巡回グラフで表現できる確率モデルおよびそのグラフ表現のこと．ベイジアンネットワークで表現できる確率モデルはつぎのように分解することができる．

$$p(\boldsymbol{x}) = \prod_{i=0}^{N-1} p(x_i|\mathrm{pa}(x_i))$$

9.4　グラフ構造と変数の独立性

有向非巡回グラフ G が確率分布 $p(\boldsymbol{x})$ のベイジアンネットワークであれば，グラフ G の構造を確認することで各変数どうしの独立性を調べることができる．話を簡単にするために，まずは三変数の結合分布 $p(x, y, z)$ について変数 x, z の独立性を考える．変数 x, z を有向辺で結ばない場合，結合分布 $p(x, y, z)$ のベイジアンネットワークは図 **9.7**，**9.8**，**9.9** の 3 通りが考えられる．

図 9.7 のベイジアンネットワークは **head-to-tail** 型と呼ばれる．中間頂点

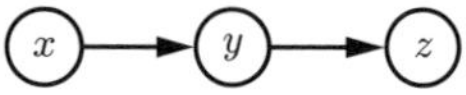

図 **9.7**　head-to-tail 型

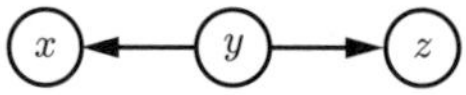

図 **9.8**　tail-to-tail 型

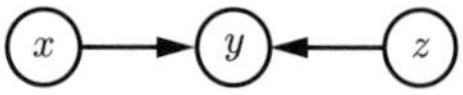

図 **9.9**　head-to-head 型

y が矢印の先 (head) と矢印の根元 (tail) で結ばれているからである．このグラフ構造に対応する結合分布は

$$p(x,y,z) = p(z|y)p(y|x)p(x) \tag{9.5}$$

のように表せる．確率変数 x,z が互いに独立かどうかは式 (9.5) の両辺を y に関して周辺化すれば調べることができる．両辺を y に関して周辺化すると

$$\int p(x,y,z)\,\mathrm{d}y = \int p(z|y)p(y|x)p(x)\,\mathrm{d}y = p(z|x)p(x) \tag{9.6}$$

のように計算でき，周辺確率 $p(x,z)$ を積 $p(x)p(z)$ に分解することはできない．したがって，式 (9.5) の結合分布では二つの変数 x,z は互いに独立ではない．また，中間頂点 y の実現値を $y=\mathrm{y}$ とすると，x,z の条件付き分布は

$$p(x,z|y=\mathrm{y}) = \frac{p(x,y=\mathrm{y},z)}{p(y=\mathrm{y})} = p(z|y=\mathrm{y})p(x|y=\mathrm{y}) \tag{9.7}$$

のように計算できる．よって，式 (9.5) の結合分布では，確率変数 y の実現値が得られると二つの変数 x,z は互いに条件付き独立となる．

つぎに，図 9.8 のベイジアンネットワークについて考える．中間頂点 y が矢印の根元 (tail) どうしで結ばれているため，このベイジアンネットワークは **tail-to-tail 型**と呼ばれている．このグラフ構造に対応する結合分布は

$$p(x,y,z) = p(z|y)p(x|y)p(y) \tag{9.8}$$

であり

$$\int p(x,y,z)\,\mathrm{d}y = \int p(z|y)p(x|y)p(y)\,\mathrm{d}y = p(x,y) \tag{9.9}$$

と計算できるため，式 (9.8) の結合分布でも二つの変数 x,z は互いに独立ではない．ここで，中間頂点 y の実現値が $y=\mathrm{y}$ であるとすると，x,z の条件付き分布は

$$p(x,z|y=\mathrm{y}) = \frac{p(x,y=\mathrm{y},z)}{p(y=\mathrm{y})} = p(z|y=\mathrm{y})p(x|y=\mathrm{y}) \tag{9.10}$$

のように表される．したがって，確率変数 y の実現値が得られた場合には，式 (9.8) の結合分布でも二つの変数 x, z は互いに条件付き独立となる．

最後に，中間頂点 y が矢印の先 (head) どうしで結ばれた図 9.9 の **head-to-head 型**ベイジアンネットワークについて考える．このグラフ構造に対応する結合分布は

$$p(x, y, z) = p(y|x, z)p(x)p(z) \tag{9.11}$$

のように表される．両辺を y に関して周辺化すると

$$\int p(x, y, z)\,\mathrm{d}y = \int p(y|x, z)p(x)p(z)\,\mathrm{d}y = p(x)p(z) \tag{9.12}$$

のように計算でき，式 (9.11) の結合分布では二つの変数 x, z は互いに独立となっている．一方，中間頂点 y を実現値 $y = \mathrm{y}$ で条件付けると，x, z の条件付き分布は

$$p(x, z|y = \mathrm{y}) = \frac{p(x, y = \mathrm{y}, z)}{p(y = \mathrm{y})} = \frac{p(y = \mathrm{y}|x, z)p(x)p(z)}{p(y = \mathrm{y})} \tag{9.13}$$

のようになり，式 (9.13) の右辺は積 $p(z|y = \mathrm{y})p(x|y = \mathrm{y})$ に分解することはできない．したがって，中間頂点 y の実現値が得られたとしても，式 (9.11) の結合分布では変数 x, z は互いに条件付き独立とはならない．

これまでの議論の結果は**表 9.1** のようにまとめられる．三頂点のベイジアンネットワークでは，ネットワークの構造を調査することで両端の頂点に関する条件付き独立性を調べることができる．

表 9.1　ベイジアンネットワークの構造と変数 x, z の独立性

ベイジアンネットワークの構造	独立性	条件付き独立性
head-to-tail 型	×	○
tail-to-tail 型	×	○
head-to-head 型	○	×

グラフ構造と変数の独立性

ベイジアンネットワークで表現できる確率モデルは，グラフ構造に注目することで変数間の独立性や条件付き独立性を判断することができる．連続する三頂点が head-to-tail 型や tail-to-tail 型の場合には中間頂点が観測された場合に両端の変数どうしは条件付き独立となり，連続する三頂点が head-to-head 型の場合には中間頂点が観測されない場合に両端の変数どうしは独立となる．

9.5 無向木と有向木

無向閉路をもたない無向グラフのことを**無向木** (undirected tree) と呼ぶ．無向木の例を**図 9.10** に示す．この例からもわかるように，無向木では任意の頂点間の無向経路は唯一つに定まる．

親をもたない頂点を一つだけもち，他のすべての頂点は一つの親しかもたないような有向グラフは**有向木** (directed tree) と呼ばれる．有向木では親をもたない頂点のことを**根** (root) といい，子をもたない頂点のことを**葉** (leaf) という．有向木の例を**図 9.11** に示す．このように，有向木では根から葉に向かって各頂点が有向辺で結ばれており，有向辺でつながった連続する三頂点の構造はすべて head-to-tail 型か tail-to-tail 型となる．

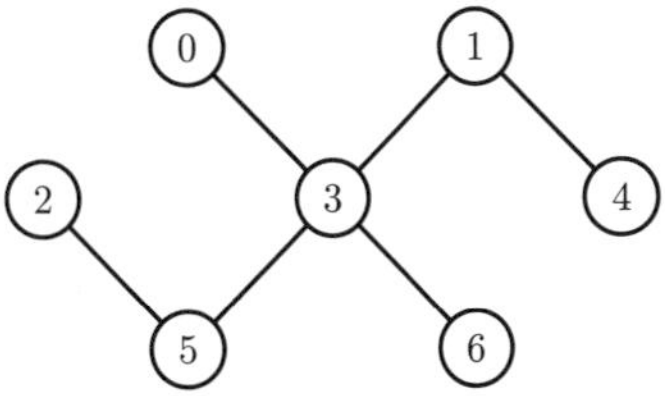

図 9.10 無向木の例

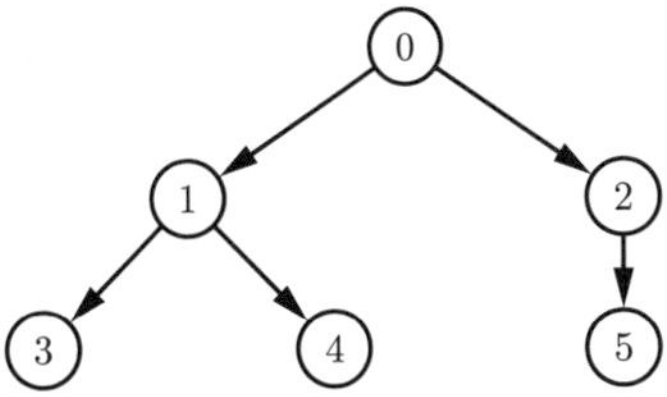

図 9.11 有向木の例

例 9.5

図 9.11 の有向木について，根の集合 R と葉の集合 L を求める．

根の集合 R と葉の集合 L はそれぞれ

$$R = \{⓪\}$$

$$L = \{③, ④, ⑤\}$$

で与えられる．

無向木

無向閉路をもたない無向グラフのこと．

有向木

親をもたない頂点が一つだけあり，その他の頂点は一つしか親をもたないような有向グラフ．有向木では根から葉に向かって矢印が流れる構造になっている．

9.6 辺をたどる推論

グラフィカルモデルでは，グラフの構造に注目することで周辺分布の計算を効率化することができる．本節では，**図 9.12** のような一本鎖のベイジアンネットワークで表される確率モデル $p(\boldsymbol{x})$ を題材に周辺分布 $p(x_2)$ の計算法を考える．単純に和の計算規則を用いると，周辺分布 $p(x_2)$ は

$$p(x_2) = \int \cdots \int p(\boldsymbol{x})\, \mathrm{d}x_0\, \mathrm{d}x_1\, \mathrm{d}x_3\, \mathrm{d}x_4\, \mathrm{d}x_5 \tag{9.14}$$

の積分で求めることになり，多重積分（離散値の場合は多重和）の計算が必要

図 9.12　一本鎖のベイジアンネットワーク

になる．本節では，図 9.12 のベイジアンネットワークに基づく結合分布の分解

$$p(\boldsymbol{x}) = p(x_5|x_4)p(x_4|x_3)p(x_3|x_2)p(x_2|x_1)p(x_1|x_0)p(x_0) \tag{9.15}$$

を用いて，周辺分布 $p(x_2)$ の効率的な計算法を導出する．

次節とのつながりを意識して，式 (9.15) の確率分布を

$$p(\boldsymbol{x}) = \psi_{0,1}(x_0, x_1)\psi_{1,2}(x_1, x_2)\psi_{2,3}(x_2, x_3)\psi_{3,4}(x_3, x_4)\psi_{4,5}(x_4, x_5) \tag{9.16}$$

のように表現することにする．ここで

$$\psi_{i,j}(x_i, x_j) = \begin{cases} p(x_0)p(x_1|x_0) & ((i,j) = (0,1)) \\ p(x_j|x_i) & ((i,j) \neq (0,1)) \end{cases} \tag{9.17}$$

である．$\psi_{i,j}(x_i, x_j)$ が条件付き分布であったことをいったん忘れてしまうと，式 (9.16) の確率分布の表現からは，われわれはもはや条件付けによる変数間の順序関係を見いだすことができない．このような場合は，単純に関数内での関係性のみに注目して，確率分布 $p(\boldsymbol{x})$ を無向グラフとして表現するのが便利である．各確率変数 x_i を頂点に対応させ，各二変数関数 $\psi_{i,j}(x_i, x_j)$ に頂点 x_i と頂点 x_j をつなぐ無向辺 $\{x_i, x_j\}$ に対応させることで，式 (9.16) の確率分布 $p(\boldsymbol{x})$ を**図 9.13** のような無向グラフとして表すことができる．図 9.13 を見ればわかるように，この無向グラフは図 9.12 の有向グラフの有向辺を無向辺で置き換えたグラフになっている．

図 9.13　無向グラフを使った $p(\boldsymbol{x})$ の表現

式 (9.16) の結合分布の分解を式 (9.14) の右辺に代入し，積分の順序を入れ替えることで，周辺分布 $p(x_2)$ の計算は

$$p(x_2) = \left(\int \psi_{2,3}(x_2, x_3)\left(\int \psi_{3,4}(x_3, x_4)\left(\int \psi_{4,5}(x_4, x_5)\,\mathrm{d}x_5\right)\mathrm{d}x_4\right)\mathrm{d}x_3\right)$$

$$\times \left(\int \psi_{1,2}(x_1, x_2) \left(\int \psi_{0,1}(x_0, x_1)\,\mathrm{d}x_0 \right) \mathrm{d}x_1 \right) \tag{9.18}$$

のように書き換えることができる. このとき, メッセージ $m_{i+1\to i}(x_i), m_{i-1\to i}(x_i)$ をそれぞれ

$$m_{i+1\to i}(x_i) = \begin{cases} \int \psi_{4,5}(x_4, x_5)\,\mathrm{d}x_5 & (i = 4) \\ \int \psi_{i,i+1}(x_i, x_{i+1}) m_{i+2\to i+1}(x_{i+1})\,\mathrm{d}x_{i+1} & (i < 4) \end{cases} \tag{9.19}$$

$$m_{i-1\to i}(x_i) = \begin{cases} \int \psi_{0,1}(x_0, x_1)\,\mathrm{d}x_0 & (i = 1) \\ \int \psi_{i-1,i}(x_{i-1}, x_i) m_{i-2\to i-1}(x_{i-1})\,\mathrm{d}x_{i-1} & (i > 1) \end{cases} \tag{9.20}$$

のように定義すると，式 (9.18) の周辺分布は

$$p(x_2) = m_{3\to 2}(x_2) m_{1\to 2}(x_2) \tag{9.21}$$

のように表すことができる.

式 (9.19) を用いると，式 (9.21) 右辺のメッセージ $m_{3\to 2}(x_2)$ は

$$m_{3\to 2}(x_2) = \int \psi_{2,3}(x_2, x_3) m_{4\to 3}(x_3)\,\mathrm{d}x_3 \tag{9.22}$$

の積分計算で得ることができる．この積分計算に必要なメッセージ $m_{4\to 3}(x_3)$ は

$$m_{4\to 3}(x_3) = \int \psi_{3,4}(x_3, x_4) m_{5\to 4}(x_4)\,\mathrm{d}x_4 \tag{9.23}$$

の積分計算で得ることができ，さらにここで使用しているメッセージ $m_{5\to 4}(x_4)$ は

$$m_{5\to 4}(x_4) = \int \psi_{4,5}(x_4, x_5)\,\mathrm{d}x_5 \tag{9.24}$$

の積分計算で得ることができる．式 (9.21) 右辺のメッセージ $m_{1\to2}(x_2)$ も同様の計算手順で求めることができ

$$m_{0\to1}(x_1) = \int \psi_{0,1}(x_0, x_1)\,\mathrm{d}x_0 \tag{9.25}$$

$$m_{1\to2}(x_2) = \int \psi_{1,2}(x_1, x_2) m_{0\to1}(x_1)\,\mathrm{d}x_1 \tag{9.26}$$

の二つの積分計算で得ることができる．

以上の計算は**図 9.14** のように表すことができる．図 9.13 の各無向辺にメッセージ $m_{i+1\to i}(x_i), m_{i-1\to i}(x_i)$ が両方向に流れている．周辺分布 $p(x_2)$ は頂点 x_2 に流れ込むメッセージ $m_{1\to2}(x_2), m_{3\to2}(x_2)$ を用いることで計算することができ，メッセージ $m_{j\to i}(x_i)$ は $j \to i$ と同じ方向から頂点 x_j に流れ込むメッセージから計算することができる．この計算手続きは他の頂点に関しても同様であり，例えば頂点 x_4 の周辺分布 $p(x_4)$ と頂点 x_5 の周辺分布 $p(x_5)$ はそれぞれ

$$p(x_4) = m_{5\to4}(x_4) m_{3\to4}(x_4) \tag{9.27}$$

$$p(x_5) = m_{4\to5}(x_5) \tag{9.28}$$

のようにそれぞれの頂点に流れ込むメッセージを用いて表すことができる．

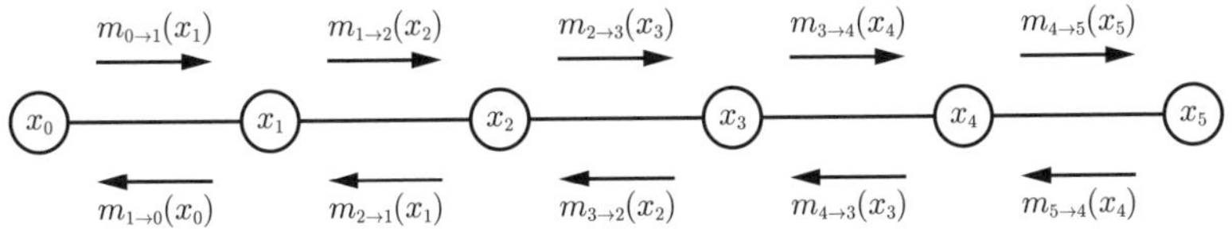

図 9.14 メッセージの流れ

辺をたどる推論

単純な一本鎖のベイジアンネットワークでは，両端からメッセージを流していくことですべての周辺分布を効率的に計算することができる．これは，次節で扱う確率伝搬法の特別な場合である．

9.7 確率伝搬法

前節で議論した周辺分布の計算法は**確率伝搬法** (belief propagation) または **sum-product アルゴリズム**と呼ばれる計算アルゴリズムの特別な場合である．確率伝搬法は，与えられた結合分布の周辺分布を近似的に計算する計算法であるが，結合分布のグラフ構造が有向木のような木構造である場合は厳密な周辺分布が計算できることが知られている．

いま，ある有向木のベイジアンネットワーク $G=(V,E)$ で表現される結合分布 $p(\boldsymbol{x})$ を考える．説明を簡単にするために，頂点 x_i や辺 $(x_i,x_j),\{x_i,x_j\}$ を変数の添字を用いて頂点 i および辺 $(i,j),\{i,j\}$ のように表す．ベイジアンネットワークでは，結合分布 $p(\boldsymbol{x})$ を式 (9.4) のように分解することができるので，この分解を利用することで，結合分布 $p(\boldsymbol{x})$ は

$$p(\boldsymbol{x}) \propto \left(\prod_{i\in V} \psi_i(x_i)\right)\left(\prod_{(i,j)\in E} \psi_{i,j}(x_i,x_j)\right) \tag{9.29}$$

のように表すことができる．結合分布 $p(\boldsymbol{x})$ を式 (9.29) のように表現する方法は複数存在し，例えば各頂点 x_i に

$$\psi_i(x_i) = \begin{cases} p(x_i) & (\text{頂点 } i \text{ は根である}) \\ 1 & (\text{頂点 } i \text{ は根でない}) \end{cases} \tag{9.30}$$

を割り当て，各有向辺 (i,j) に

$$\psi_{i,j}(x_i,x_j) = p(x_j|x_i) \tag{9.31}$$

を割り当てる方法がある．

前節と同じように，各確率変数 x_i を頂点に対応させ，各二変数関数 $\psi_{i,j}(x_i,x_j)$ に頂点 i と頂点 j をつなぐ無向辺 $\{i,j\}$ に対応させせることで，式 (9.29) の確率分布を無向グラフで表現することができる．この無向グラフは有向木の有向辺

を無向辺に置き換えたものであるので，式 (9.29) の確率分布はこの無向グラフ表現を用いて

$$p(\boldsymbol{x}) \propto \left(\prod_{i \in V} \psi_i(x_i)\right)\left(\prod_{\{i,j\} \in E} \psi_{i,j}(x_i, x_j)\right) \tag{9.32}$$

のように表すことができる．

確率伝搬法とは，各無向辺 $\{i,j\}$ にメッセージ $m_{i \to j}(x_j), m_{j \to i}(x_i)$ を流すことで各頂点 x_i に関する周辺分布 $p(x_i)$ を効率的に計算する方法である．この方法は，確率分布 $p(\boldsymbol{x})$ を表現する無向グラフが木構造である場合には厳密な周辺分布を計算し，木構造でない場合には周辺分布の近似を与える．本書では，木構造で表現できる確率分布が中心となるため，本書で扱う範囲内では確率伝搬法は厳密な周辺分布を計算する．

確率伝搬法では，各無向辺を流れるメッセージ $m_{j \to i}(x_i)$ の計算が中心となる．メッセージの計算式は

$$m_{j \to i}(x_i) \propto \int \psi_{i,j}(x_i, x_j)\psi_j(x_j) \prod_{k \in \mathrm{ad}(j) \setminus \{i\}} m_{k \to j}(x_j)\, \mathrm{d}x_j \tag{9.33}$$

で与えられ，頂点 j から頂点 i へと流れるメッセージは頂点 i 以外から頂点 j へと流れるメッセージから計算される．メッセージ $m_{j \to i}(x_i)$ をあたかも確率分布として扱っている理由は，このように扱ったほうが数値計算が安定しやすいからである．

すべてのメッセージが得られた後は，各頂点の周辺分布 $p(x_i)$ は

$$p(x_i) \propto \psi_i(x_i) \prod_{k \in \mathrm{ad}(i)} m_{k \to i}(x_i) \tag{9.34}$$

のように表現することができ，無向辺 $\{i,j\}$ で結ばれた変数 x_i, x_j の周辺分布は

$$\begin{aligned} p(x_i, x_j) &\propto \psi_{i,j}(x_i, x_j)\psi_i(x_i)\psi_j(x_j) \\ &\qquad \times \left(\prod_{k \in \mathrm{ad}(i) \setminus \{j\}} m_{k \to i}(x_i)\right)\left(\prod_{k \in \mathrm{ad}(j) \setminus \{i\}} m_{k \to j}(x_j)\right) \end{aligned} \tag{9.35}$$

のように表すことができる．

例 9.6

つぎの有向木のベイジアンネットワークで表される確率モデルについて，確率伝搬法を用いた各周辺分布の計算法を考える．

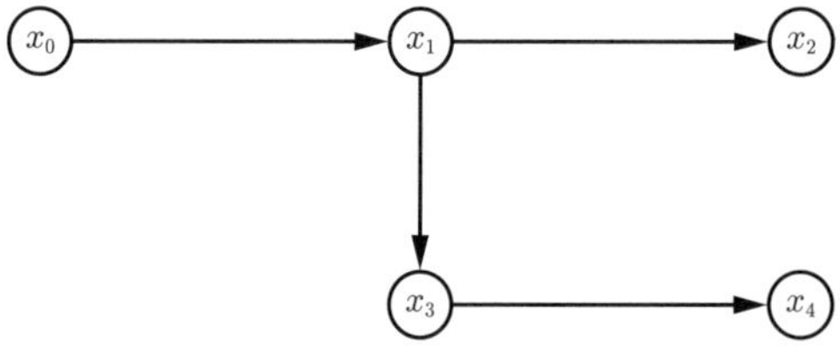

この確率モデルの結合分布は

$$p(\boldsymbol{x}) = p(x_0)p(x_1|x_0)p(x_2|x_1)p(x_3|x_1)p(x_4|x_3)$$

のように表される．この確率モデルは一変数関数 $\psi_i(x_i)$ と二変数関数 $\psi_{i,j}(x_i, x_j)$ を用いて

$$p(\boldsymbol{x}) \propto \psi_0(x_0)\psi_{0,1}(x_0, x_1)\psi_{1,2}(x_1, x_2)\psi_{1,3}(x_1, x_3)\psi_{3,4}(x_3, x_4)$$

のように表すことができ，この表現は無向グラフとしてつぎのように表すことができる．

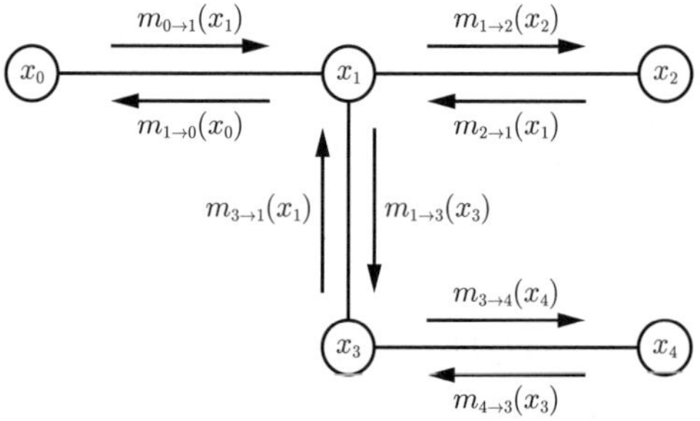

この無向グラフの各辺にメッセージ $m_{j\to i}(x_i)$ を流すことで，結合分布 $p(\boldsymbol{x})$ の各周辺分布はそれぞれ

$$p(x_0) \propto m_{1\to 0}(x_0)$$
$$p(x_1) \propto m_{0\to 1}(x_1)m_{2\to 1}(x_1)m_{3\to 1}(x_1)$$
$$p(x_2) \propto m_{1\to 2}(x_2)$$
$$p(x_3) \propto m_{1\to 3}(x_3)m_{4\to 3}(x_3)$$
$$p(x_4) \propto m_{3\to 4}(x_4)$$

のように表すことができる．ここで，各メッセージの計算式はそれぞれ

$$m_{0\to 1}(x_1) \propto \int \psi_0(x_0)\psi_{0,1}(x_0,x_1)\,\mathrm{d}x_0$$
$$m_{1\to 0}(x_0) \propto \int \psi_{0,1}(x_0,x_1)m_{2\to 1}(x_1)m_{3\to 1}(x_1)\,\mathrm{d}x_1$$
$$m_{1\to 2}(x_2) \propto \int \psi_{1,2}(x_1,x_2)m_{0\to 1}(x_1)m_{3\to 1}(x_1)\,\mathrm{d}x_1$$
$$m_{2\to 1}(x_1) \propto \int \psi_{1,2}(x_1,x_2)\,\mathrm{d}x_2$$
$$m_{1\to 3}(x_3) \propto \int \psi_{1,3}(x_1,x_3)m_{0\to 1}(x_1)m_{2\to 1}(x_1)\,\mathrm{d}x_1$$
$$m_{3\to 1}(x_1) \propto \int \psi_{1,3}(x_1,x_3)m_{4\to 3}(x_3)\,\mathrm{d}x_3$$
$$m_{3\to 4}(x_4) \propto \int \psi_{3,4}(x_3,x_4)m_{1\to 3}(x_3)\,\mathrm{d}x_3$$
$$m_{4\to 3}(x_3) \propto \int \psi_{3,4}(x_3,x_4)\,\mathrm{d}x_4$$

で与えられる．これらのメッセージの計算は，計算式にメッセージが含まれない，無向グラフの端側の頂点から流れるメッセージから順番に計算していくことで，効率的にすべてのメッセージを計算することができる．

確率伝搬法

有向木のベイジアンネットワークをもつ確率モデルでは，その無向グラフ表現の各辺にメッセージを流すことですべての周辺分布を効率的に計算することができる．

10 線形動的システム

10.1 状態空間モデル

図 10.1 のベイジアンネットワークをもつ結合分布 $p(\boldsymbol{z}, \boldsymbol{y})$ について考える．ネットワーク構造と確率分布の対応関係から，この結合分布は

$$p(\boldsymbol{z}, \boldsymbol{y}) = p(z_0)\left(\prod_{n=1}^{N-1} p(z_n|z_{n-1})\right)\left(\prod_{n=0}^{N-1} p(y_n|z_n)\right) \tag{10.1}$$

のように表現することができる．積の計算規則から，この結合分布は

$$p(\boldsymbol{y}, \boldsymbol{z}) = p(\boldsymbol{y}|\boldsymbol{z})p(\boldsymbol{z}) \tag{10.2}$$

の形に分解されるが，式 (10.1) 右辺の確率変数 $\boldsymbol{z}, \boldsymbol{y}$ の依存関係を考慮することで，この二つの確率分布 $p(\boldsymbol{y}|\boldsymbol{z}), p(\boldsymbol{z})$ はそれぞれ

$$p(\boldsymbol{y}|\boldsymbol{z}) = \prod_{n=0}^{N-1} p(y_n|z_n) \tag{10.3}$$

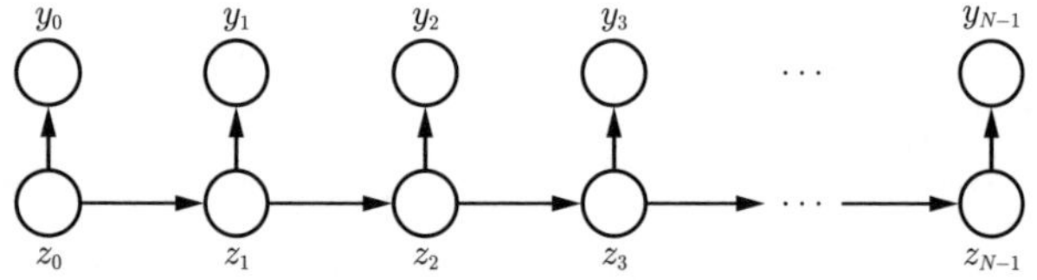

図 10.1　$p(\boldsymbol{z}, \boldsymbol{y})$ のベイジアンネットワーク

$$p(\boldsymbol{z}) = p(z_0) \prod_{n=1}^{N-1} p(z_n|z_{n-1}) \tag{10.4}$$

のように表すことができる.

式 (10.1) の確率モデルにおいて，確率変数 $\boldsymbol{y}$ の実現値 $\mathbf{y}$ が具体的に得られた場合を考える．このときの結合分布は $p(\boldsymbol{z}, \boldsymbol{y} = \mathbf{y})$ であり，この結合分布のベイジアンネットワークは**図 10.2** のように表される．このように，確率的グラフィカルモデルでは，対応する頂点を塗りつぶすことで確率変数の実現値が得られていることを表現する．図 10.2 のように，実現値の得られない確率変数 z_n が条件付き分布 $p(z_n|z_{n-1})$ を通して直前の確率変数 z_{n-1} と直接関係しており，実現値の得られる確率変数 y_n は条件付き分布 $p(y_n|z_n)$ を通して同時点の確率変数 z_n と直接関係しているような確率モデルのことを**状態空間モデル** (state space model) という．状態空間モデルでは，実現値の得られる確率変数 y_n, y_{n-1} は直接的な関係をもっておらず，実現値の得られない確率変数 z_n, z_{n-1} を通して y_n, y_{n-1} が間接的に関係している構造になっている.

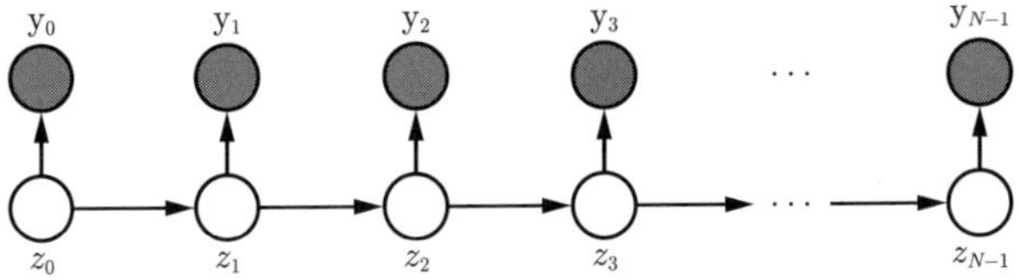

図 10.2 $p(\boldsymbol{z}, \boldsymbol{y} = \mathbf{y})$ のベイジアンネットワーク

状態空間モデルを用いた信号処理では，実現値 $\boldsymbol{y} = \mathbf{y}$ が得られたとして，確率変数 $\boldsymbol{z}$ の値を推定することが中心的な課題となる．状態空間モデルの場合，この課題はつぎの二つの問題に分類することができる.

(a) フィルタ：$\boldsymbol{y} = [\mathrm{y}_0, \ldots, \mathrm{y}_n]$ を用いて，z_n の値を推定.

(b) 平滑化：$\boldsymbol{y} = [\mathrm{y}_0, \ldots, \mathrm{y}_{N-1}]$ を用いて，z_n $(0 \leqq n < N-1)$ の値を推定.

どちらの問題も事後確率分布を計算することで解くことができ，この事後確率分布は確率伝搬法を用いることで効率的に計算することができる.

状態空間モデル

観測できない確率変数 $\boldsymbol{z} = [z_0, \ldots, z_{N-1}]$ がマルコフモデルのような系列的な依存関係にあり，観測可能な確率変数 $\boldsymbol{y} = [y_0, \ldots, y_{N-1}]$ の各変数 y_n が各時点での確率変数 z_n に依存している確率モデル．状態空間モデルの確率モデルはつぎのように表すことができる．

$$p(\boldsymbol{z}, \boldsymbol{y}) = p(z_0)\left(\prod_{n=1}^{N-1} p(z_n|z_{n-1})\right)\left(\prod_{n=0}^{N-1} p(y_n|z_n)\right)$$

10.2 線形動的システム

式 (10.1) の状態空間モデルにおいて

$$p(z_0) = \mathcal{N}(z_0; \mu_0, \sigma_0) \tag{10.5}$$

$$p(z_n|z_{n-1}) = \mathcal{N}(z_n; \phi_z z_{n-1}, \sigma_z) \tag{10.6}$$

$$p(y_n|z_n) = \mathcal{N}(y_n; \phi_y z_n, \sigma_y) \tag{10.7}$$

のように結合分布 $p(\boldsymbol{y}, \boldsymbol{z})$ を設計したものは**線形動的システム** (linear dynamical system) と呼ばれる．線形動的システムはつぎの形で表現することもできる．

$$\mathrm{z}_0 = \mu_0 + \mathrm{e}_0 \tag{10.8}$$

$$\mathrm{z}_n = \phi_z \mathrm{z}_{n-1} + \mathrm{e}_n \tag{10.9}$$

$$\mathrm{y}_n = \phi_y \mathrm{z}_n + \mathrm{w}_n \tag{10.10}$$

ここで，$\mathrm{e}_0, \mathrm{e}_n, \mathrm{w}_n$ はつぎのガウス分布から生成される撹乱項である．

$$\mathrm{e}_0 \sim \mathcal{N}(e_0; 0, \sigma_0) \tag{10.11}$$

$$\mathrm{e}_n \sim \mathcal{N}(e_n; 0, \sigma_z) \tag{10.12}$$

$$\mathrm{w}_n \sim \mathcal{N}(w_n; 0, \sigma_y) \tag{10.13}$$

式 (10.8)〜(10.10) の線形動的システムの表現は，結合分布 $p(\boldsymbol{y}, \boldsymbol{z})$ からの乱数の生成手順にそのまま対応している．まず，式 (10.11) のガウス分布から撹乱項の乱数 e_0 を生成し，式 (10.8) に代入することで z_0 の値を計算する．ここで計算した z_0 は確率分布 $p(z_0) = \mathcal{N}(z_0; \mu_0, \sigma_0)$ から生成された乱数とみなすことができる．つぎに，式 (10.13) のガウス分布から乱数 w_0 を生成し，式 (10.10) に代入して y_0 の値を計算する．この値 y_0 が確率分布 $p(y_0|z_0)$ から生成された乱数である．つぎの時点での乱数生成は式 (10.12), (10.13) のガウス分布から乱数 $\mathrm{e}_1, \mathrm{w}_1$ を生成し，これらを式 (10.9), (10.10) に代入することで $\mathrm{z}_1, \mathrm{y}_1$ を計算すればよい．この計算を繰り返すことで，任意の時点 n に対する乱数 $\mathrm{z}_n, \mathrm{y}_n$ を計算することができる．

例 10.1

8.4 節で扱ったノイズ付加システムの確率モデル $p(\boldsymbol{x}, \boldsymbol{y})$ は線形動的システムの一つである．8.4 節では，未知の入力信号 $\mathbf{x}$ の確率分布を一次の AR モデルと仮定して

$$
\begin{aligned}
p(\boldsymbol{x}) &= p(x_0) \prod_{n=1}^{N-1} p(x_n|x_{n-1}) \\
&= \mathcal{N}(x_0; \mu_0, \sigma_0) \prod_{n=1}^{N-1} \mathcal{N}(x_n; \phi x_{n-1}, \sigma_x)
\end{aligned}
$$

の形で設計し，ノイズ付加の確率分布を

$$
p(\boldsymbol{y}|\boldsymbol{x}) = \prod_{n=0}^{N-1} p(y_n|x_n) = \prod_{n=0}^{N-1} \mathcal{N}(y_n; x_n, \sigma_y)
$$

と設計することで，確率モデル $p(\boldsymbol{x}, \boldsymbol{y})$ を

$$
\begin{aligned}
p(\boldsymbol{x}, \boldsymbol{y}) = \mathcal{N}(x_0; \mu_0, \sigma_0) &\left(\prod_{n=1}^{N-1} \mathcal{N}(x_n; \phi x_{n-1}, \sigma_x) \right) \\
&\times \left(\prod_{n=0}^{N-1} \mathcal{N}(y_n; x_n, \sigma_y) \right)
\end{aligned}
$$

のように作成した．この確率モデルは式 (10.8)〜(10.10) の線形動的システムにおいて，変数 $\boldsymbol{z}$ を変数 $\boldsymbol{x}$ に置き換えて，パラメータを $\phi_z = \phi, \sigma_z = \sigma_x, \phi_y = 1$ とおいたものに対応している．

線形動的システム

状態空間モデルの時点 n での実現値が

$$\mathrm{z}_n = \phi_z \mathrm{z}_{n-1} + \mathrm{e}_n$$

$$\mathrm{y}_n = \phi_y \mathrm{z}_n + \mathrm{w}_n$$

で表される確率モデル．撹乱項 $\mathrm{e}_n, \mathrm{w}_n$ をガウス分布からの乱数とすると，条件付き分布は

$$p(z_n|z_{n-1}) = \mathcal{N}(z_n; \phi_z z_{n-1}, \sigma_z)$$

$$p(y_n|z_n) = \mathcal{N}(y_n; \phi_y z_n, \sigma_y)$$

のように表すことができる．

10.3　線形動的システムと信号処理システム

線形動的システムは，自己回帰モデルなどをその特別な場合として含むより一般的な確率モデルである．このことを見るために，新たに入力項 x_n とパラメータ $\phi_x, \rho_x, \phi_e, \phi_w$ を導入して式 (10.8)〜(10.10) をつぎのように拡張する．

$$\mathrm{z}_0 = \mu_0 + \phi_0 \mathrm{e}_0 \tag{10.14}$$

$$\mathrm{z}_n = \phi_z \mathrm{z}_{n-1} + \rho_x \mathrm{x}_{n-1} + \phi_e \mathrm{e}_n \tag{10.15}$$

$$\mathrm{y}_n = \phi_y \mathrm{z}_n + \phi_x \mathrm{x}_n + \phi_w \mathrm{w}_n \tag{10.16}$$

$\phi_x = \rho_x = 0, \phi_e = \phi_w = 1$ としたものが式 (10.8)〜(10.10) の線形動的シス

テムである．式 (10.14)〜(10.16) は左辺の実現値が撹乱項を除く右辺の実現値に依存していることを意味しているので，それぞれの実現値を生成する確率分布は

$$\mathrm{z}_0 \sim p(z_0|x_0) \tag{10.17}$$

$$\mathrm{z}_n \sim p(z_n|z_{n-1}, x_{n-1}) \tag{10.18}$$

$$\mathrm{y}_n \sim p(y_n|z_n, x_n) \tag{10.19}$$

のようにおくことができる．よって，3 種類の確率変数 $\boldsymbol{x}, \boldsymbol{y}, \boldsymbol{z}$ に関する確率分布は

$$p(\boldsymbol{z}, \boldsymbol{y}|\boldsymbol{x}) = p(z_0)\left(\prod_{n=1}^{N-1} p(z_n|z_{n-1}, x_{n-1})\right)\left(\prod_{n=0}^{N-1} p(y_n|z_n, x_n)\right) \tag{10.20}$$

となり，実現値 $\boldsymbol{x} = \mathbf{x}$ が得られたときのベイジアンネットワークは図 **10.3** のように表される．図 10.3 のベイジアンネットワークでは，確率変数 $\boldsymbol{x}$ に対応する頂点は確率変数 $\boldsymbol{y}, \boldsymbol{z}$ への依存関係を明示的に表しているだけなので，確率変数 $\boldsymbol{y}, \boldsymbol{z}$ の確率分布としてはこのベイジアンネットワークは実質的に図 10.1 のベイジアンネットワークと等価である．

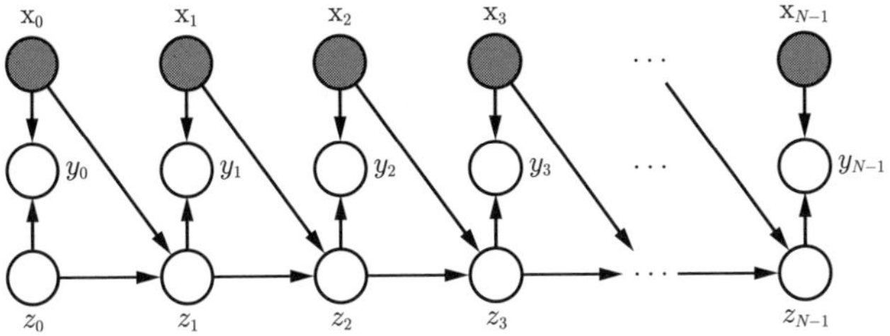

図 **10.3** $p(\boldsymbol{z}, \boldsymbol{y}|\boldsymbol{x} = \mathbf{x})$ のベイジアンネットワーク

式 (10.14)〜(10.16) の線形動的システムのパラメータを上手く設定することで，自己回帰モデルや自己回帰外因性モデルを作り出すことができる．例えば，式

(10.14)〜(10.16) において，パラメータの設定を $\phi_x = \theta_0, \rho_x = \theta_1 + \phi_1\theta_0, \phi_y = 1, \phi_z = \phi_1, \phi_0 = 1, \phi_e = 1, \phi_w = 0$ とすると，これらの式は

$$\mathrm{z}_0 = \mu_0 + \mathrm{e}_0 \tag{10.21}$$

$$\mathrm{z}_n = \phi_1 \mathrm{z}_{n-1} + (\theta_1 + \phi_1\theta_0)\mathrm{x}_{n-1} + \mathrm{e}_n \tag{10.22}$$

$$\mathrm{y}_n = \mathrm{z}_n + \theta_0 \mathrm{x}_n \tag{10.23}$$

のように表される．これらの式から z_n を消去して整理することで，自己回帰外因性モデル

$$\mathrm{y}_0 = \mu_0 + \theta_0 \mathrm{x}_0 + \mathrm{e}_0 \tag{10.24}$$

$$\mathrm{y}_n = \phi_1 \mathrm{y}_{n-1} + \theta_0 \mathrm{x}_n + \theta_1 \mathrm{x}_{n-1} + \mathrm{e}_n \tag{10.25}$$

を得ることができる．また，式 (10.14)〜(10.16) において，パラメータの設定を $\phi_x = 0, \rho_x = 0, \phi_y = 1, \phi_z = \phi_1, \phi_0 = 1, \phi_e = 1, \phi_w = 0$ とすると，これらの式は

$$\mathrm{z}_0 = \mu_0 + \mathrm{e}_0 \tag{10.26}$$

$$\mathrm{z}_n = \phi_1 \mathrm{z}_{n-1} + \mathrm{e}_n \tag{10.27}$$

$$\mathrm{y}_n = \mathrm{z}_n \tag{10.28}$$

のように表され，z_n を消去することで，自己回帰モデル

$$\mathrm{y}_0 = \mu_0 + \mathrm{e}_0 \tag{10.29}$$

$$\mathrm{y}_n = \phi_1 \mathrm{y}_{n-1} + \mathrm{e}_n \tag{10.30}$$

を得ることができる．

より一般的な自己回帰モデルや自己回帰外因性モデルは確率変数 z_n をベクトル化することで得ることができる．本書の範囲を超えるため詳しくは述べないが，例えばつぎの自己回帰外因性モデル

$$\mathrm{y}_n = \phi_1 \mathrm{y}_{n-1} + \phi_2 \mathrm{y}_{n-2} + \theta_0 \mathrm{x}_n + \theta_1 \mathrm{x}_{n-1} + \mathrm{e}_n \tag{10.31}$$

は二つの確率変数 $z_n^{(1)}, z_n^{(2)}$ を要素とするベクトル $\boldsymbol{z}_n = [\ z_n^{(1)}\ z_n^{(2)}\ ]^\top$ を導入することで

$$\begin{bmatrix} \mathrm{z}_n^{(1)} \\ \mathrm{z}_n^{(2)} \end{bmatrix} = \begin{bmatrix} 0 & \phi_2 \\ 1 & \phi_1 \end{bmatrix} \begin{bmatrix} \mathrm{z}_{n-1}^{(1)} \\ \mathrm{z}_{n-1}^{(2)} \end{bmatrix} + \begin{bmatrix} \phi_2 \theta_0 \\ \theta_1 + \phi_1 \theta_0 \end{bmatrix} \mathrm{x}_{n-1} + \begin{bmatrix} 0 \\ 1 \end{bmatrix} \mathrm{e}_n \tag{10.32}$$

$$\mathrm{y}_n = \mathrm{z}_n^{(2)} + \theta_0 \mathrm{x}_n \tag{10.33}$$

のように表すことができる．これは，観測されない確率ベクトルの系列 $\boldsymbol{z}_0, \ldots, \boldsymbol{z}_{N-1}$ を用いた線形動的システムである．

線形動的システムと信号処理システム

線形動的システムは ARX モデルを特別な場合に含み，ARX モデルをさらに拡張したものとみなすことができる．FIR システムや IIR システムは ARX モデルの特別な場合であるため，線形動的システムは FIR システムや IIR システムを含むさらに広範囲な確率モデルと見ることができる．

10.4 線形動的システムに対する確率伝搬法

実現値 $\mathbf{y} = [\mathrm{y}_0, \ldots, \mathrm{y}_{N-1}]$ が得られたときの，線形動的システムの事後分布 $p(\boldsymbol{z}|\boldsymbol{y} = \mathbf{y})$ について考える．式 (10.5)～(10.7) のガウス分布を式 (10.1) の結合分布に代入して整理することで，この事後分布は

$$\begin{aligned} p(\boldsymbol{z}|\boldsymbol{y} = \mathbf{y}) &= \frac{p(\boldsymbol{z}, \boldsymbol{y} = \mathbf{y})}{\displaystyle\int p(\boldsymbol{z}, \boldsymbol{y} = \mathbf{y})\,\mathrm{d}\boldsymbol{z}} \\ &\propto p(\boldsymbol{z}, \boldsymbol{y} = \mathbf{y}) \\ &= \left(\prod_{n=0}^{N-1} \psi_n(z_n)\right) \left(\prod_{n=1}^{N-1} \psi_{n-1,n}(z_{n-1}, z_n)\right) \end{aligned} \tag{10.34}$$

のように表すことができる．ここで，$\psi_n(z_n), \psi_{n-1,n}(z_{n-1}, z_n)$ はそれぞれ

$$\psi_n(z_n) = \begin{cases} \mathcal{N}(z_0; \mu_0, \sigma_0)\mathcal{N}(y_0 = \mathrm{y}_0; \phi_y z_0, \sigma_y) & (n = 0) \\ \mathcal{N}(y_n = \mathrm{y}_n; \phi_y z_n, \sigma_y) & (n \neq 0) \end{cases} \tag{10.35}$$

$$\psi_{n-1,n}(z_{n-1}, z_n) = \mathcal{N}(z_n; \phi_z z_{n-1}, \sigma_z) \tag{10.36}$$

で与えられる．

式 (10.34) の事後分布 $p(\boldsymbol{z}|\boldsymbol{y} = \mathbf{y})$ では，確率伝搬法を用いることで周辺分布 $p(z_n|\boldsymbol{y} = \mathbf{y})$ を効率的に計算することができる．式 (10.34) の事後分布において，各確率変数 z_n を頂点 n に対応させ，各二変数関数 $\psi_{n-1,n}(z_{n-1}, z_n)$ に無向辺 $\{n-1, n\}$ に対応させることで，この事後確率分布を**図 10.4** のような無向グラフで表現することができる．確率伝搬法では，**図 10.5** のように，無向辺 $\{n-1, n\}$ にメッセージ $m_{n-1\to n}(z_n), m_{n\to n-1}(z_{n-1})$ を流すことで周辺分布を計算する．無向辺を流れるメッセージには左側から右側に流れるメッセージと右側から左側に流れるメッセージの 2 種類のメッセージの流れがあり，左側から右側に流れるメッセージは

$$m_{n-1\to n}(z_n) \propto \int \psi_{n-1,n}(z_{n-1}, z_n)\psi_{n-1}(z_{n-1}) m_{n-2\to n-1}(z_{n-1})\, \mathrm{d}z_{n-1} \tag{10.37}$$

$$m_{0\to 1}(z_1) \propto \int \psi_{0,1}(z_0, z_1)\psi_0(z_0)\, \mathrm{d}z_0 \tag{10.38}$$

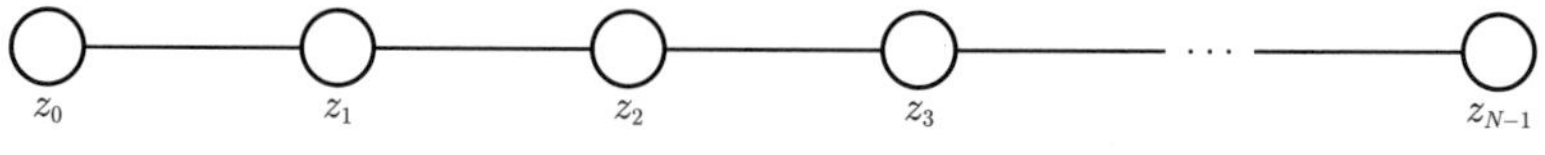

図 10.4　$p(\boldsymbol{z}|\boldsymbol{y} = \mathbf{y})$ の無向グラフ

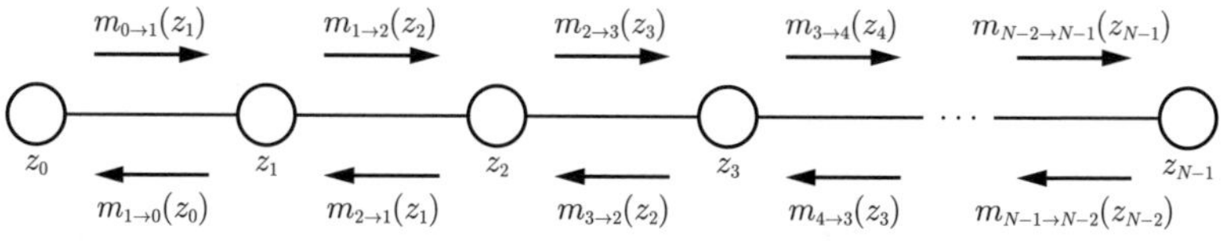

図 10.5　無向グラフを流れるメッセージ

の更新式で計算され，右側から左側に流れるメッセージは

$$m_{n+1\to n}(z_n) \propto \int \psi_{n+1,n}(z_{n+1}, z_n)\psi_{n+1}(z_{n+1})m_{n+2\to n+1}(z_{n+1})\,\mathrm{d}z_{n+1} \tag{10.39}$$

$$m_{N-1\to N-2}(z_{N-2}) \propto \int \psi_{N-2,N-1}(z_{N-2}, z_{N-1})\psi_{N-1}(z_{N-1})\,\mathrm{d}z_{N-1} \tag{10.40}$$

の更新式で計算することができる．すべてのメッセージを計算した後は，周辺分布 $p(z_n|\boldsymbol{y}=\mathrm{y})$ は

$$p(z_n|\boldsymbol{y}=\mathrm{y}) \propto \begin{cases} \psi_n(z_n)m_{n-1\to n}(z_n)m_{n+1\to n}(z_n) & (n \neq 0, N-1) \\ \psi_n(z_0)m_{1\to 0}(z_0) & (n=0) \\ \psi_n(z_{N-1})m_{N-2\to N-1}(z_{N-1}) & (n=N-1) \end{cases} \tag{10.41}$$

のように表すことができる．

線形動的システムでは，ガウス積分の公式（5.6 節）を利用することでメッセージなどの積分を具体的に行うことができる．ガウス積分の公式を用いると，左側から右側に流れるメッセージ (10.37) は

$$m_{n-1\to n}(z_n) = \mathcal{N}(z_n; \mu_{n-1\to n}, \sigma_{n-1\to n}) \tag{10.42}$$

のように表すことができ，パラメータ $\mu_{n-1\to n}, \sigma_{n-1\to n}$ は

$$\mu_{n-1\to n} = \phi_z \mu'_{n-1\to n} \tag{10.43}$$

$$\sigma^2_{n-1\to n} = \sigma^2_z + \phi^2_z \sigma'^2_{n-1\to n} \tag{10.44}$$

$$\mu'_{n-1\to n} = \mu_{n-2\to n-1} + \gamma_{n-2\to n-1}(\mathrm{y}_{n-1} - \phi_z \mu_{n-2\to n-1}) \tag{10.45}$$

$$\sigma'^2_{n-1\to n} = (1 - \gamma_{n-2\to n-1}\phi_z)\sigma^2_{n-2\to n-1} \tag{10.46}$$

$$\gamma_{n-2\to n-1} = \frac{\phi_y \sigma^2_{n-2\to n-1}}{\sigma^2_y + \phi^2_y \sigma^2_{n-2\to n-1}} \tag{10.47}$$

となる．線形動的システムでは，メッセージの更新はガウス分布のパラメータの更新に対応するのである．更新式 (10.43)〜(10.47) の初期値は式 (10.38) から

$$\mu_{0\to1} = \phi_z \mu'_{0\to1} \tag{10.48}$$

$$\sigma^2_{0\to1} = \sigma^2_z + \phi^2_z \sigma'^2_{0\to1} \tag{10.49}$$

$$\mu'_{0\to1} = \mu_0 + \gamma_0(\mathrm{y}_0 - \phi_y \mu_0) \tag{10.50}$$

$$\sigma'^2_{0\to1} = (1 - \gamma_{0\to1}\phi_y)\sigma^2_0 \tag{10.51}$$

$$\gamma_{0\to1} = \frac{\phi_y \sigma^2_0}{\sigma^2_y + \phi^2_y \sigma^2_0} \tag{10.52}$$

で与えられる．右側から左側に流れるメッセージ (10.39), (10.40) も同じように計算することができ，その計算結果は

$$m_{n+1\to n}(z_n) = \mathcal{N}(z_n; \mu_{n+1\to n}, \sigma_{n+1\to n}) \tag{10.53}$$

$$\mu_{n+1\to n} = \frac{1}{\phi_z}\mu'_{n+1\to n} \tag{10.54}$$

$$\sigma^2_{n+1\to n} = \frac{1}{\phi^2_z}\left(\sigma^2_z + \sigma'^2_{n+1\to n}\right) \tag{10.55}$$

$$\mu'_{n+1\to n} = \mu_{n+2\to n+1} + \gamma_{n+2\to n+1}\left(\mathrm{y}_{n+1} - \phi_y \mu_{n+2\to n+1}\right) \tag{10.56}$$

$$\sigma'^2_{n+1\to n} = \left(1 - \gamma_{n+2\to n+1}\phi_y\right)\sigma^2_{n+2\to n+1} \tag{10.57}$$

$$\gamma_{n+2\to n+1} = \frac{\phi_y \sigma^2_{n+2\to n+1}}{\sigma^2_y + \phi^2_y \sigma^2_{n+2\to n+1}} \tag{10.58}$$

および

$$m_{N-1\to N-2}(z_{N-2}) = \mathcal{N}(z_{N-2}; \mu_{N-1\to N-2}, \sigma_{N-1\to N-2}) \tag{10.59}$$

$$\mu_{N-1\to N-2} = \frac{\mathrm{y}_{N-1}}{\phi_y \phi_z} \tag{10.60}$$

$$\sigma^2_{N-1\to N-2} = \left(\sigma^2_z + \frac{\sigma^2_y}{\phi^2_y}\right)\frac{1}{\phi^2_z} \tag{10.61}$$

で与えられる．これらの結果を用いると，式 (10.41) の周辺分布は

$$p(z_n|\boldsymbol{y}=\mathbf{y}) = \mathcal{N}(z_n; \mu_n, \sigma_n) \tag{10.62}$$

のように表すことができ，パラメータ μ_n, σ_n^2 は

$$\mu_n = \phi_y \mu'_n \tag{10.63}$$

$$\mu'_n = \begin{cases} \dfrac{\mu_{n-1\to n}\sigma^2_{n+1\to n} + \mu_{n+1\to n}\sigma^2_{n-1\to n}}{\sigma^2_{n-1\to n} + \sigma^2_{n+1\to n}} & (n \neq 0, N-1) \\ \mu_{1\to 0} & (n=0) \\ \mu_{N-2\to N-1} & (n=N-1) \end{cases} \tag{10.64}$$

および

$$\sigma_n^2 = \sigma_y^2 + \phi_y^2 \sigma_n'^2 \tag{10.65}$$

$$\sigma_n'^2 = \begin{cases} \dfrac{\sigma^2_{n-1\to n}\sigma^2_{n+1\to n}}{\sigma^2_{n-1\to n} + \sigma^2_{n+1\to n}} & (n \neq 0, N-1) \\ \sigma^2_{1\to 0} & (n=0) \\ \sigma^2_{N-2\to N-1} & (n=N-1) \end{cases} \tag{10.66}$$

で与えられる．また，確率伝搬法では，周辺分布 $p(z_n, z_{n+1}|\boldsymbol{y}=\mathbf{y})$ の計算も行うことができる．この周辺確率は

$$p(z_n, z_{n+1}|\boldsymbol{y}=\mathbf{y}) \propto \begin{cases} \psi_n(z_n)\psi_{n,n+1}(z_n, z_{n+1})\psi_n(z_n)m_{n-1\to n}(z_n)m_{n+2\to n+1}(z_{n+1}) \\ \qquad (n \neq 0, N-2) \\ \psi_n(z_0)\psi_{0,1}(z_0, z_1)\psi_1(z_1)m_{2\to 1}(z_1) \qquad (n=0) \\ \psi_n(z_{N-2})\psi_{N-2,N-1}(z_{N-2}, z_{N-1})\psi_{N-1}(z_{N-1})m_{N-3\to N-1}(z_{N-2}) \\ \qquad (n=N-2) \end{cases} \tag{10.67}$$

で与えられ，右辺の式を整理すると周辺分布 $p(z_n, z_{n+1}|\boldsymbol{y}=\mathbf{y})$ は二次元ガウス分布として表される．

線形動的システムと確率伝搬法

線形動的システムの事後分布 $p(\boldsymbol{z}|\boldsymbol{y} = \mathbf{y})$ は有向木のベイジアンネットワークで表すことができるため，確率伝搬法を用いることで各周辺分布 $p(z_n|\boldsymbol{y} = \mathbf{y})$ を効率的に計算することができる．線形動的システムに確率伝搬法を適用すると，各周辺分布がガウス分布として表現することができる．

10.5　カルマンフィルタ

式 (10.14)〜(10.16) の線形動的システムにおいて，実現値 $\mathbf{y} = [\mathrm{y}_0, \ldots, \mathrm{y}_n]$ $(n = 0, \ldots, N-1)$ が得られたときに確率変数 z_n の値を推定するフィルタ問題を考える．確率的モデリングの枠組みでは，この問題は周辺分布 $p(z_n|\boldsymbol{y} = \mathbf{y})$ を求める問題と等価であり，この周辺分布 $p(z_n|\boldsymbol{y} = \mathbf{y})$ は確率伝搬法を利用することで効率的に計算することができる．しかしながら，問題の性質を取り入れることで，さらに効率的な周辺分布の計算法を導出することも可能である．本節では，線形動的システムを仮定した場合のフィルタ問題の効率的な解法であるカルマンフィルタの方法について解説する．

確率的モデリングの枠組みでは，フィルタ問題は周辺分布 $p(z_0|y_0 = \mathrm{y}_0)$, $p(z_1|\boldsymbol{y} = [\mathrm{y}_0, \mathrm{y}_1])$, $p(z_2|\boldsymbol{y} = [\mathrm{y}_0, \mathrm{y}_1, \mathrm{y}_2]), \ldots, p(z_n|\boldsymbol{y} = [\mathrm{y}_0, \ldots, \mathrm{y}_n]), \ldots$ を順番に計算していく問題であり，$p(z_1|\boldsymbol{y} = [\mathrm{y}_0, \mathrm{y}_1])$ は結合分布 $p(z_0, z_1|\boldsymbol{y} = [\mathrm{y}_0, \mathrm{y}_1])$ の周辺分布，$p(z_2|\boldsymbol{y} = [\mathrm{y}_0, \mathrm{y}_1, \mathrm{y}_2])$ は結合分布 $p(z_0, z_1, z_2|\boldsymbol{y} = [\mathrm{y}_0, \mathrm{y}_1, \mathrm{y}_2])$ の周辺分布，$p(z_n|\boldsymbol{y} = [\mathrm{y}_0, \ldots, \mathrm{y}_n])$ は結合分布 $p(z_0, \ldots, z_n|\boldsymbol{y} = [\mathrm{y}_0, \ldots, \mathrm{y}_n])$ の周辺分布である．結合分布 $p(z_0, z_1|\boldsymbol{y} = [\mathrm{y}_0, \mathrm{y}_1])$, $p(z_0, z_1, z_2|\boldsymbol{y} = [\mathrm{y}_0, \mathrm{y}_1, \mathrm{y}_2])$, $p(z_0, \ldots, z_n|\boldsymbol{y} = [\mathrm{y}_0, \ldots, \mathrm{y}_n])$ の無向グラフ表現を図 **10.6**〜**10.8** に与える．これらの図から，フィルタ問題では，結合分布 $p(z_0, \ldots, z_n|\boldsymbol{y} = [\mathrm{y}_0, \ldots, \mathrm{y}_n])$ $(n = 0, \ldots, N-1)$ の無向グラフ表現を考えたときに，つねに右端の頂点に関する周辺分布が必要とされることがわかる．

結合分布 $p(z_0, \ldots, z_n|\boldsymbol{y} = [\mathrm{y}_0, \ldots, \mathrm{y}_n])$ の周辺分布 $p(z_n|\boldsymbol{y} = [\mathrm{y}_0, \ldots, \mathrm{y}_n])$

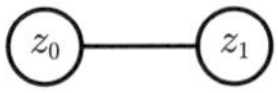

図 10.6 $p(z_0, z_1|\boldsymbol{y} = [\mathrm{y}_0, \mathrm{y}_1])$ の無向グラフ表現

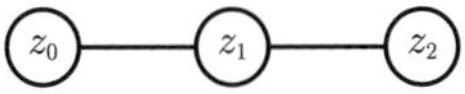

図 10.7 $p(z_0, z_1, z_2|\boldsymbol{y} = [\mathrm{y}_0, \mathrm{y}_1, \mathrm{y}_2])$ の無向グラフ表現

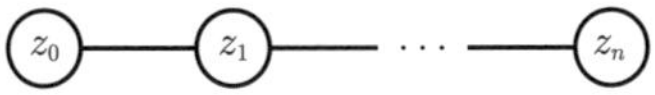

図 10.8 $p(z_0, \ldots, z_n|\boldsymbol{y} = [\mathrm{y}_0, \ldots, \mathrm{y}_n])$ の無向グラフ表現

は確率伝搬法を利用することで

$$p(z_n|\boldsymbol{y} = [\mathrm{y}_0, \ldots, \mathrm{y}_n]) \propto \psi_n(z_n) m_{n-1\to n}(z_n) \tag{10.68}$$

のように表すことができる．$m_{n-1\to n}(z_n)$ は頂点 z_{n-1} から頂点 z_n へのメッセージである．ここで，左側から右側へ流れるメッセージの更新式 (10.37) を用いると，式 (10.68) の周辺分布は

$$\begin{aligned} &p(z_n|\boldsymbol{y} = [\mathrm{y}_0, \ldots, \mathrm{y}_n]) \\ &\quad \propto \psi_n(z_n) \int \psi_{n-1,n}(z_{n-1}, z_n) p(z_{n-1}|\boldsymbol{y} = [\mathrm{y}_0, \ldots, \mathrm{y}_{n-1}])\, \mathrm{d}z_{n-1} \end{aligned} \tag{10.69}$$

のように表すことができる．すなわち，フィルタ問題では，変数 z_{n-1} の推定に用いる周辺分布 $p(z_{n-1}|\boldsymbol{y} = [\mathrm{y}_0, \ldots, \mathrm{y}_{n-1}])$ からつぎの変数 z_n の推定に用いる周辺分布 $p(z_n|\boldsymbol{y} = [\mathrm{y}_0, \ldots, \mathrm{y}_n])$ を計算することができるのである．式 (10.69) の関係式を用いることで，周辺分布 $p(z_n|\boldsymbol{y} = [\mathrm{y}_0, \ldots, \mathrm{y}_n])$ の効率的な計算法を導出することができる．この方法は**カルマンフィルタ** (Kalman filter) と呼ばれ，線形動的システムでの一般的な推定法として知られている．前節での議論から，周辺分布 $p(z_n|\boldsymbol{y} = [\mathrm{y}_0, \ldots, \mathrm{y}_n])$ はガウス分布となることがわかっているので，この周辺分布は

$$p(z_n|\boldsymbol{y}=[\mathrm{y}_0,\ldots,\mathrm{y}_n])=\mathcal{N}(z_n;m_n,s_n) \tag{10.70}$$

のようにおくことができる．すると，式 (10.69) 右辺の積分はガウス積分の公式を用いることで

$$\int \psi_{n-1,n}(z_{n-1},z_n)p(z_{n-1}|\boldsymbol{y}=[\mathrm{y}_0,\ldots,\mathrm{y}_{n-1}])\,\mathrm{d}z_{n-1}$$
$$=\mathcal{N}(z_n;m_n',s_n') \tag{10.71}$$

のように表すことができる．ここで

$$m_n'=\phi_z m_{n-1} \tag{10.72}$$

$$s_n'^2=\sigma_z^2+\phi_z^2 s_{n-1}^2 \tag{10.73}$$

であり，計算方法から $p(z_n|\boldsymbol{y}=[\mathrm{y}_0,\ldots,\mathrm{y}_{n-1}])=\mathcal{N}(z_n;m_n',s_n')$ である．さらに，式 (10.69) 両辺の対数がどちらも z_n の二次関数となることを利用して係数を比較すると，周辺分布を計算する更新式

$$m_n=m_n'+K_n(\mathrm{y}_n-\phi_y m_n') \tag{10.74}$$

$$s_n^2=(1-K_n\phi_y)s_n'^2 \tag{10.75}$$

$$K_n=\frac{\phi_y s_n'^2}{\sigma_y^2+\phi_y^2 s_n'^2} \tag{10.76}$$

を得ることができる．K_n は**カルマン利得** (Kalman gain) と呼ばれる．この更新式の初期値 m_0, s_0 は $p(z_0|y_0=\mathrm{y}_0)=\mathcal{N}(z_0;m_0,s_0)$ で与えられるので，線形動的システムの定義式 (10.14), (10.16) から

$$m_0=\mu_0+K_0(\mathrm{y}_0-\phi_y\mu_0) \tag{10.77}$$

$$s_0^2=(1-K_0\phi_y)\sigma_0^2 \tag{10.78}$$

$$K_0=\frac{\phi_y\sigma_0^2}{\sigma_y^2+\phi_y^2\sigma_0^2} \tag{10.79}$$

のように計算できる．式 (10.72)〜(10.76) の更新式はカルマンフィルタと呼ばれ，この更新式を利用することで，フィルタ問題を解くのに必要な周辺分布

$p(z_n|\boldsymbol{y} = [\mathrm{y}_0, \ldots, \mathrm{y}_n]) = \mathcal{N}(z_n; m_n, s_n)$ を効率的に計算することができる．カルマンフィルタの更新方法はつぎのように解釈できる．まず，パラメータ m'_n は実現値 $\mathbf{y} = [\mathrm{y}_0, \ldots, \mathrm{y}_{n-1}]$ が得られているときの変数 z_n の予測平均値である．新たに実現値 $y_n = \mathrm{y}_n$ を得ることで，われわれは変数 z_n に関する予測平均の値を修正することができる．式 (10.74) はこの予測平均の修正方法を表しており，元の予測値 m'_n と実際に得られた観測値 y_n との誤差をカルマン利得で調節した $K_n(\mathrm{y}_n - \phi_y m'_n)$ の分だけ z_n の予測平均が修正されるのである．

例 10.2

式 (8.9) のノイズ付加システムの出力として次図のような不規則信号 $\mathbf{y}$ が得られたとする．ノイズ付加システムへの入力には一次の AR モデルから生成した乱数を用いている．

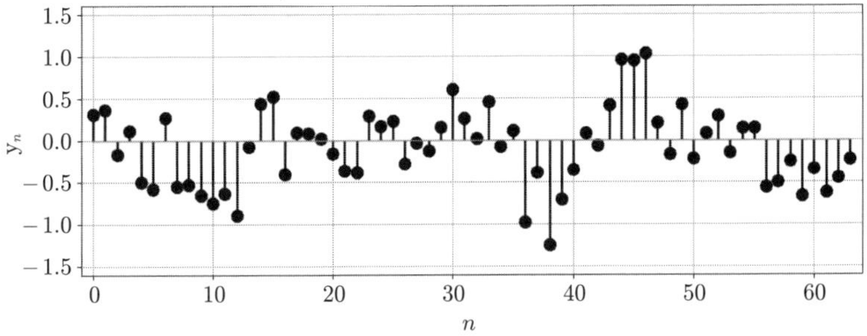

不規則信号 $\mathbf{y}$

この不規則信号 $\mathbf{y}$ に対して，カルマンフィルタの方法でノイズ付加システムへ入力された信号 $\mathbf{x}$ の推定を行う．カルマンフィルタの方法では，入力信号の推定信号は $\hat{\mathbf{x}} = [\hat{\mathrm{x}}_0, \ldots, \hat{\mathrm{x}}_{N-1}] = [m_0, \ldots, m_{N-1}]$ で与えられる．不規則信号 $\mathbf{y}$ の作成に使用した入力信号 $\mathbf{x}$（正解の信号）とカルマンフィルタによる推定信号 $\hat{\mathbf{x}}$ を図示するとそれぞれつぎのようになる．ここで，線形動的システムのパラメータ設定は不規則信号 $\mathbf{y}$ の作成と同じ設定を使用している．

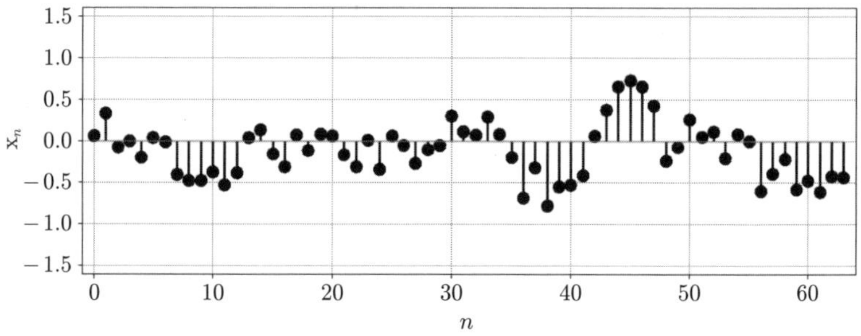

不規則信号 $\mathbf{y}$ の作成に使用した入力信号 $\mathbf{x}$

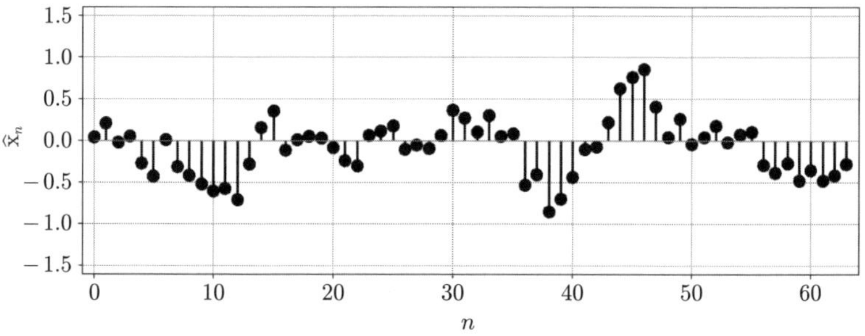

カルマンフィルタの方法で推定した推定信号 $\hat{\mathbf{x}}$

カルマンフィルタ

線形動的システムでの確率伝搬法をフィルタ問題に特化させて改良したもの．各周辺分布 $p(z_n|\boldsymbol{y} = [\mathrm{y}_0, \ldots, \mathrm{y}_n])$ はガウス分布 $\mathcal{N}(z_n; m_n, s_n)$ として表すことができ，ガウス分布のパラメータは

$$m'_n = \phi_z m_{n-1}$$

$$s'^2_n = \sigma^2_z + \phi^2_z s^2_{n-1}$$

$$m_n = m'_n + K_n(\mathrm{y}_n - \phi_y m'_n)$$

$$s^2_n = (1 - K_n \phi_y) s'^2_n$$

$$K_n = \frac{\phi_y s'^2_n}{\sigma^2_y + \phi^2_y s'^2_n}$$

の更新式でそれぞれ求めていくことができる.

10.6 カルマン平滑化

線形動的システムでは，カルマンフィルタの結果を利用することで平滑化問題にも取り組むことができる．平滑化問題は実現値 $\mathbf{y} = [\mathrm{y}_0, \ldots, \mathrm{y}_{N-1}]$ が得られたときに確率変数 $z_n (n = 0, \ldots, N-1)$ の値を推定する問題であり，周辺分布 $p(z_n|\boldsymbol{y} = \mathbf{y})$ を求める問題と等価である．周辺分布 $p(z_n|\boldsymbol{y} = \mathbf{y})$ は確率伝搬法を利用することで計算することができるが，カルマンフィルタの結果を利用することでこれらの周辺分布を計算することもできる．この方法は**カルマン平滑化** (Kalman smoother) と呼ばれ，カルマンフィルタとともに線形動的システムの重要な計算方法として知られている．

式 (10.41) から，事後分布 $p(\boldsymbol{z}|\boldsymbol{y} = \mathbf{y})$ の周辺分布 $p(z_n|\boldsymbol{y} = \mathbf{y})$ は

$$p(z_n|\boldsymbol{y} = \mathbf{y}) \propto \psi_n(z_n) m_{n-1\to n}(z_n) m_{n+1\to n}(z_n) \tag{10.80}$$

のように表すことができる．$m_{n-1\to n}(z_n)$ は頂点 z_{n-1} から頂点 z_n へのメッセージであり，$m_{n+1\to n}(z_n)$ は頂点 z_{n+1} から頂点 z_n へのメッセージである．ここで，右側から左側へ流れるメッセージの更新式 (10.39) と $p(z_n|\boldsymbol{y} = [\mathrm{y}_0, \ldots, \mathrm{y}_n]) \propto \psi(z_n) m_{n-1\to n}(z_n)$ であることを用いると，式 (10.80) の周辺分布は

$$p(z_n|\boldsymbol{y} = \mathbf{y}) \propto p(z_n|\boldsymbol{y} = [\mathrm{y}_0, \ldots, \mathrm{y}_n]) \\ \times \int \psi_{n,n+1}(z_n, z_{n+1}) \psi_{n+1}(z_{n+1}) m_{n+2\to n+1}(z_{n+1}) \, \mathrm{d}z_{n+1} \tag{10.81}$$

のように表すことができる．周辺分布 $p(z_n|\boldsymbol{y} = [\mathrm{y}_0, \ldots, \mathrm{y}_n])$ はカルマンフィルタの方法で計算することができ，式 (10.70) から

$$p(z_n|\boldsymbol{y} = [\mathrm{y}_0, \ldots, \mathrm{y}_n]) = \mathcal{N}(z_n; m_n, s_n) \tag{10.82}$$

である．ここで

$$
\begin{aligned}
&p(z_n|\boldsymbol{y}=[\mathrm{y}_0,\ldots,\mathrm{y}_n])\psi_{n,n+1}(z_n,z_{n+1})\psi_{n+1}(z_{n+1})\\
&\quad=p(z_n|\boldsymbol{y}=[\mathrm{y}_0,\ldots,\mathrm{y}_n])p(z_{n+1}|z_n)p(y_{n+1}=\mathrm{y}_{n+1}|z_{n+1})\\
&\quad=p(y_{n+1}=\mathrm{y}_{n+1},z_n,z_{n+1}|\boldsymbol{y}=[\mathrm{y}_0,\ldots,\mathrm{y}_n])\\
&\quad=p(y_{n+1}|\boldsymbol{y}=[\mathrm{y}_0,\ldots,\mathrm{y}_n])p(z_n,z_{n+1}|\boldsymbol{y}=[\mathrm{y}_0,\ldots,\mathrm{y}_{n+1}])\\
&\quad=p(y_{n+1}|\boldsymbol{y}=[\mathrm{y}_0,\ldots,\mathrm{y}_n])p(z_{n+1}|\boldsymbol{y}=[\mathrm{y}_0,\ldots,\mathrm{y}_{n+1}])\\
&\qquad\times p(z_n|\boldsymbol{y}=[\mathrm{y}_0,\ldots,\mathrm{y}_{n+1}],z_{n+1})\\
&\quad=p(y_{n+1}|\boldsymbol{y}=[\mathrm{y}_0,\ldots,\mathrm{y}_n])p(z_{n+1}|\boldsymbol{y}=[\mathrm{y}_0,\ldots,\mathrm{y}_{n+1}])\\
&\qquad\times p(z_n|\boldsymbol{y}=[\mathrm{y}_0,\ldots,\mathrm{y}_n],z_{n+1})
\end{aligned}
\tag{10.83}
$$

であり，$p(y_{n+1}|\boldsymbol{y}=[\mathrm{y}_0,\ldots,\mathrm{y}_n])$ が単なる定数であることを利用すると，式 (10.81) は

$$
p(z_n|\boldsymbol{y}=\mathbf{y})\propto\int p(z_{n+1}|\boldsymbol{y}=\mathbf{y})p(z_n|\boldsymbol{y}=[\mathrm{y}_0,\ldots,\mathrm{y}_n],z_{n+1})\,\mathrm{d}z_{n+1}
\tag{10.84}
$$

の形で表すことができる．すなわち，平滑化問題では，周辺分布 $p(z_{n+1}|\boldsymbol{y}=\mathbf{y})$ から一つ前の時点の周辺分布 $p(z_n|\boldsymbol{y}=\mathbf{y})$ を計算することができるのである．さらに，10.4 節の結果から，周辺分布 $p(z_n|\boldsymbol{y}=\mathbf{y})$ はガウス分布になることがわかっているので

$$
p(z_n|\boldsymbol{y}=\mathbf{y})=\mathcal{N}(z_n;\widetilde{m}_n,\widetilde{s}_n)
\tag{10.85}
$$

とおくと，式 (10.84) の計算式は

$$
\begin{aligned}
&\mathcal{N}(z_n;\widetilde{m}_n,\widetilde{s}_n)\\
&\quad\propto\int\mathcal{N}(z_{n+1};\widetilde{m}_{n+1},\widetilde{s}_{n+1})p(z_n|\boldsymbol{y}=[\mathrm{y}_0,\ldots,\mathrm{y}_n],z_{n+1})\,\mathrm{d}z_{n+1}
\end{aligned}
\tag{10.86}
$$

のように表現することもできる．式 (10.86) の関係式を用いるためには，確率分布 $p(z_n|\boldsymbol{y}=[\mathrm{y}_0,\ldots,\mathrm{y}_n],z_{n+1})$ を具体的に導出する必要がある．式 (10.83) から，$p(z_n|\boldsymbol{y}=[\mathrm{y}_0,\ldots,\mathrm{y}_n],z_{n+1})$ の対数に関しては

$$
\begin{aligned}
&\ln p(z_n|\boldsymbol{y}=[\mathrm{y}_0,\ldots,\mathrm{y}_n],z_{n+1})\\
&\quad=\ln p(z_n|\boldsymbol{y}=[\mathrm{y}_0,\ldots,\mathrm{y}_n])+\ln p(z_{n+1}|z_n)\\
&\qquad+\ln p(y_{n+1}=\mathrm{y}_{n+1}|z_{n+1})-\ln p(y_{n+1}|\boldsymbol{y}=[\mathrm{y}_0,\ldots,\mathrm{y}_n])\\
&\qquad-\ln p(z_{n+1}|\boldsymbol{y}=[\mathrm{y}_0,\ldots,\mathrm{y}_{n+1}])
\end{aligned}
\tag{10.87}
$$

が成り立つので，確率変数 z_n に関する項を抜き出すと

$$
\begin{aligned}
&\ln p(z_n|\boldsymbol{y}=[\mathrm{y}_0,\ldots,\mathrm{y}_n],z_{n+1})\\
&\quad=-\frac{1}{2}\left(\frac{1}{s_n^2}+\frac{\phi_z^2}{\sigma_z^2}\right)z_n^2+\left(\frac{m_n}{s_n^2}+\frac{\phi_z z_{n+1}}{\sigma_z^2}\right)z_n+\mathrm{Const.}
\end{aligned}
\tag{10.88}
$$

となることがわかる．Const. は z_n に無関係な項である．したがって，条件付き分布 $p(z_n|\boldsymbol{y}=[\mathrm{y}_0,\ldots,\mathrm{y}_n],z_{n+1})$ はガウス分布であり

$$p(z_n|\boldsymbol{y}=[\mathrm{y}_0,\ldots,\mathrm{y}_n],z_{n+1})=\mathcal{N}(z_n;\widetilde{m}_n',\widetilde{s}_n') \tag{10.89}$$

$$\widetilde{m}_n'=m_n+J_n(z_{n+1}-\phi_z m_n) \tag{10.90}$$

$$\widetilde{s}_n'^2=(1-J_n\phi_z)s_n^2 \tag{10.91}$$

$$J_n=\frac{\phi_z s_n^2}{\sigma_z^2+\phi_z^2 s_n^2} \tag{10.92}$$

のように表すことができる．これらの結果を式 (10.86) の関係式に代入し，ガウス積分の公式を用いて右辺の積分を計算することで，パラメータの更新式

$$\widetilde{m}_n=m_n+J_n\left(\widetilde{m}_{n+1}-\phi_z m_n\right) \tag{10.93}$$

$$\widetilde{s}_n^2=\widetilde{s}_n'^2+J_n^2\widetilde{s}_{n+1}^2=s_n^2+J_n^2(\widetilde{s}_{n+1}^2-\sigma_z^2-\phi_z^2 s_n^2) \tag{10.94}$$

を得ることができる．式 (10.92)〜(10.94) の更新式はカルマン平滑化と呼ばれ，これらの更新式を利用することで，平滑化問題を解くのに必要な周辺分布

$p(z_n|\boldsymbol{y}=\mathbf{y})=\mathcal{N}(z_n;\widetilde{m}_n,\widetilde{s}_n)$ を効率的に計算することができる．カルマン平滑化の計算では，カルマンフィルタで求めた m_n, s_n を利用するため，まず最初にカルマンフィルタの計算を行っておく必要がある．また，カルマン平滑化の更新計算の初期値 $\widetilde{m}_{N-1}, \widetilde{s}_{N-1}$ はカルマンフィルタの計算で求められており

$$\widetilde{m}_{N-1} = m_{N-1} \tag{10.95}$$

$$\widetilde{s}_{N-1} = s_{N-1} \tag{10.96}$$

とすればよい．

例 10.3

式 (8.9) のノイズ付加システムの出力として次図のような不規則信号 $\mathbf{y}$ が得られたとする．ノイズ付加システムへの入力には一次の AR モデルから生成した乱数を用いている．

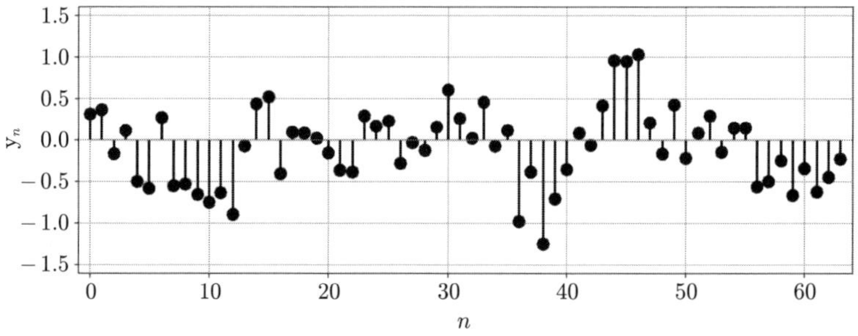

不規則信号 $\mathbf{y}$

この不規則信号 $\mathbf{y}$ に対して，カルマン平滑化の方法でノイズ付加システムへ入力された信号 $\mathbf{x}$ の推定を行う．カルマン平滑化の方法では，入力信号の推定信号は $\widehat{\mathbf{x}}=[\widehat{\mathrm{x}}_0,\ldots,\widehat{\mathrm{x}}_{N-1}]=[\widetilde{m}_0,\ldots,\widetilde{m}_{N-1}]$ で与えられる．不規則信号 $\mathbf{y}$ の作成に使用した入力信号 $\mathbf{x}$（正解の信号）とカルマン平滑化による推定信号 $\widehat{\mathbf{x}}$ を図示するとそれぞれつぎのようになる．ここで，線形動的システムのパラメータ設定は不規則信号 $\mathbf{y}$ の作成と同じ設定を使用している．

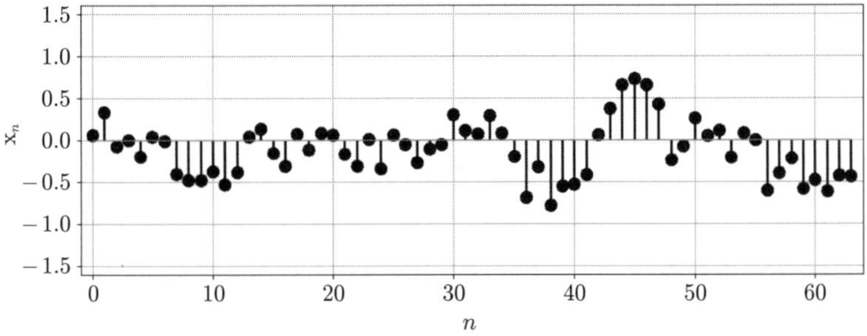

不規則信号 $\mathbf{y}$ の作成に使用した入力信号 $\mathbf{x}$

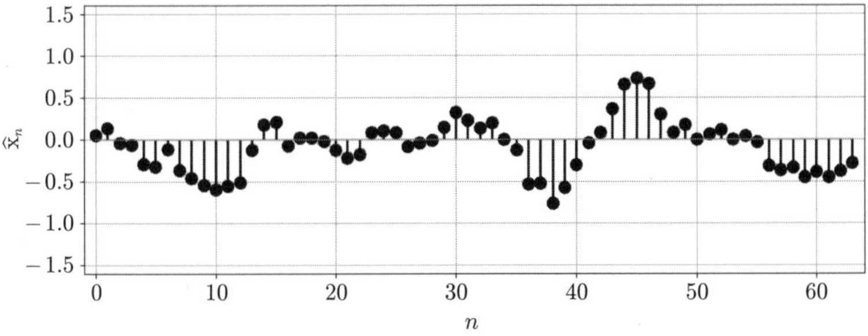

カルマン平滑化の方法で推定した推定信号 $\hat{\mathbf{x}}$

カルマン平滑化

カルマンフィルタの方法を利用して平滑化問題を解くための方法．各周辺分布 $p(z_n|\boldsymbol{y} = \mathbf{y})$ はガウス分布 $\mathcal{N}(z_n; \widetilde{m}_n, \widetilde{s}_n)$ として表すことができ，ガウス分布のパラメータは

$$\widetilde{m}_n = m_n + J_n (\widetilde{m}_{n+1} - \phi_z m_n)$$

$$\widetilde{s}_n^2 = s_n^2 + J_n^2(\widetilde{s}_{n+1}^2 - \sigma_z^2 - \phi_z^2 s_n^2)$$

$$J_n = \frac{\phi_z s_n^2}{\sigma_z^2 + \phi_z^2 s_n^2}$$

の更新式でそれぞれ求めていくことができる．ここで，パラメータ m_n, s_n はあらかじめカルマンフィルタを実行して計算しておく必要がある．

10.7　線形動的システムでの最尤推定

不規則信号 $\boldsymbol{y} = \mathbf{y}$ が式 (10.5)〜(10.7) の線形動的システムから生成されたと仮定したとき，線形動的システムのパラメータ $\phi_y, \phi_z, \sigma_y, \sigma_z$ を最尤推定の方法で推定する．線形動的システムには実現値の得られない確率変数 $\boldsymbol{z}$ が存在するので，この最尤推定には EM アルゴリズムの方法を用いる．

まず，準備として周辺分布 $p(z_n, z_{n+1}|\boldsymbol{y} = \mathbf{y})$ を計算する．この周辺分布は

$$\begin{aligned} p(z_n, z_{n+1}|\boldsymbol{y} = \mathbf{y}) &= p(z_{n+1}|\boldsymbol{y} = \mathbf{y})p(z_n|\boldsymbol{y} = \mathbf{y}, z_{n+1}) \\ &= p(z_{n+1}|\boldsymbol{y} = \mathbf{y})p(z_n|\boldsymbol{y} = [\mathrm{y}_0, \ldots, \mathrm{y}_n], z_{n+1}) \end{aligned} \tag{10.97}$$

のように表すことができ，確率分布 $p(z_{n+1}|\boldsymbol{y} = \mathbf{y}), p(z_n|\boldsymbol{y} = [\mathrm{y}_0, \ldots, \mathrm{y}_n], z_{n+1})$ はそれぞれ式 (10.85), (10.89) で求められている．これらの分布を代入することで，$p(z_n, z_{n+1}|\boldsymbol{y} = \mathbf{y})$ の対数は

$$\begin{aligned} &\ln p(z_n, z_{n+1}|\boldsymbol{y} = \mathbf{y}) \\ &= \ln p(z_{n+1}|\boldsymbol{y} = \mathbf{y}) + \ln p(z_n|\boldsymbol{y} = [\mathrm{y}_0, \ldots, \mathrm{y}_n], z_{n+1}) \\ &= -\frac{1}{2(1-\widetilde{r}^2_{n,n+1})}\left(\left(\frac{z_n - \widetilde{m}_n}{\widetilde{s}_n}\right)^2\right. \\ &\qquad \left. - 2\widetilde{r}^2_{n,n+1}\left(\frac{z_n - \widetilde{m}_n}{\widetilde{s}_n}\right)\left(\frac{z_{n+1} - \widetilde{m}_{n+1}}{\widetilde{s}_{n+1}}\right) + \left(\frac{z_{n+1} - \widetilde{m}_{n+1}}{\widetilde{s}_{n+1}}\right)^2\right) \\ &\qquad + \text{Const.} \end{aligned} \tag{10.98}$$

のように整理することができる．ここで，Const. は確率変数 z_n, z_{n+1} に無関係な項であり

$$\widetilde{r}^2_{n,n+1} = J_n \frac{\widetilde{s}_{n+1}}{\widetilde{s}_n} \tag{10.99}$$

である．したがって，周辺分布 $p(z_n, z_{n+1}|\boldsymbol{y} = \mathbf{y})$ は二次元ガウス分布として

$$p(z_n, z_{n+1}|\boldsymbol{y} = \mathbf{y}) = \mathcal{N}(z_n, z_{n+1}; \widetilde{\boldsymbol{m}}, \widetilde{S}) \tag{10.100}$$

のように表すことができ，その平均ベクトルと共分散行列はそれぞれ

$$\widetilde{\boldsymbol{m}} = \begin{bmatrix} \widetilde{m}_n \\ \widetilde{m}_{n+1} \end{bmatrix} \tag{10.101}$$

$$\widetilde{S} = \begin{bmatrix} \widetilde{s}_n^2 & \widetilde{r}_{n,n+1}^2 \widetilde{s}_n \widetilde{s}_{n+1} \\ \widetilde{r}_{n,n+1}^2 \widetilde{s}_n \widetilde{s}_{n+1} & \widetilde{s}_{n+1}^2 \end{bmatrix} = \begin{bmatrix} \widetilde{s}_n^2 & J_n \widetilde{s}_{n+1}^2 \\ J_n \widetilde{s}_{n+1}^2 & \widetilde{s}_{n+1}^2 \end{bmatrix} \tag{10.102}$$

で与えられる．

EM アルゴリズムでは，Q 関数の最大化を繰り返すことで最尤推定の計算を行う．線形動的モデルに対する Q 関数は定義式 (10.5)〜(10.7) を用いることで

$$\begin{aligned} &Q(\phi_y, \phi_z, \sigma_y, \sigma_z | \phi_y^{(t)}, \phi_z^{(t)}, \sigma_y^{(t)}, \sigma_z^{(t)}) \\ &\quad = \int p(\boldsymbol{z}|\boldsymbol{y} = \mathbf{y}; \phi_y^{(t)}, \phi_z^{(t)}, \sigma_y^{(t)}, \sigma_z^{(t)}) \ln p(\boldsymbol{y}, \boldsymbol{z}; \phi_y, \phi_z, \sigma_y, \sigma_z) \mathrm{d}z \\ &\quad = \ln p(z_0) + \sum_{n=1}^{N-1} \mathbb{E}[\ln p(z_n | z_{n-1}; \phi_z, \sigma_z)] \\ &\qquad + \sum_{n=0}^{N-1} \mathbb{E}[\ln p(y_n = \mathrm{y}_n | z_{n-1}; \phi_y, \sigma_y)] \end{aligned} \tag{10.103}$$

のように表すことができる．ここで，$\mathbb{E}[f(\boldsymbol{z})]$ は事後分布 $p(\boldsymbol{z}|\boldsymbol{y} = \mathbf{y}; \phi_y^{(t)}, \phi_z^{(t)}, \sigma_y^{(t)}, \sigma_z^{(t)})$ での関数 $f(\boldsymbol{z})$ の期待値であり

$$\begin{aligned} &\mathbb{E}[\ln p(z_n | z_{n-1}; \phi_z, \sigma_z)] \\ &= -\frac{1}{2\sigma_z^2} \left((\widetilde{s}_n^2 + \widetilde{m}_n^2) - 2\phi_z (J_{n-1} \widetilde{s}_n^2 + \widetilde{m}_{n-1} \widetilde{m}_n) + \phi_z^2 (\widetilde{s}_{n-1}^2 + \widetilde{m}_{n-1}^2) \right) \\ &\quad - \frac{1}{2} \ln \sigma_z^2 - \frac{1}{2} \ln(2\pi) \end{aligned} \tag{10.104}$$

および

$$\mathbb{E}[\ln p(y_n = \mathrm{y}_n | z_n; \phi_y, \sigma_y)]$$

$$= -\frac{1}{2\sigma_y^2}\left(\mathrm{y}_n^2 - 2\phi_y \mathrm{y}_n \widetilde{m}_n + \phi_y^2(\widetilde{s}_n^2 + \widetilde{m}_n^2)\right) - \frac{1}{2}\ln\sigma_y^2 - \frac{1}{2}\ln(2\pi) \tag{10.105}$$

である．EM アルゴリズムでは Q 関数を最大にするパラメータ

$$\begin{aligned}&\phi_y^{(t+1)}, \phi_z^{(t+1)}, \sigma_y^{(t+1)}, \sigma_z^{(t+1)}\\&\quad= \underset{\phi_y,\phi_z,\sigma_y,\sigma_z}{\mathrm{argmax}}\ Q(\phi_y, \phi_z, \sigma_y, \sigma_z | \phi_y^{(t)}, \phi_z^{(t)}, \sigma_y^{(t)}, \sigma_z^{(t)})\end{aligned} \tag{10.106}$$

を繰り返し求めることで最尤推定を行う．Q 関数の最大値では，各パラメータでの偏微分が 0 になるので

$$\frac{\partial Q}{\partial \phi_y} = \frac{1}{\sigma_y^2}\sum_{n=0}^{N-1}\left(\mathrm{y}_n\widetilde{m}_n - \phi_y(\widetilde{s}_n^2 + \widetilde{m}_n^2)\right) = 0 \tag{10.107}$$

$$\frac{\partial Q}{\partial \phi_z} = \frac{1}{\sigma_z^2}\sum_{n=1}^{N-1}\left(J_{n-1}\widetilde{s}_n^2 + \widetilde{m}_{n-1}\widetilde{m}_n - \phi_z(\widetilde{s}_{n-1}^2 + \widetilde{m}_{n-1}^2)\right) = 0 \tag{10.108}$$

$$\frac{\partial Q}{\partial \sigma_y^2} = \frac{1}{2(\sigma_y^2)^2}\sum_{n=0}^{N-1}\left(\mathrm{y}_n^2 - 2\phi_y\mathrm{y}_n\widetilde{m}_n + \phi_y^2(\widetilde{s}_n^2 + \widetilde{m}_n^2)\right) - \frac{N}{2\sigma_y^2} = 0 \tag{10.109}$$

$$\begin{aligned}\frac{\partial Q}{\partial \sigma_z^2} = \frac{1}{2(\sigma_z^2)^2}\sum_{n=1}^{N-1}&\Big((\widetilde{s}_n^2 + \widetilde{m}_n^2) - 2\phi_z(J_{n-1}\widetilde{s}_n^2 + \widetilde{m}_{n-1}\widetilde{m}_n)\\&+\phi_z^2(\widetilde{s}_{n-1}^2 + \widetilde{m}_{n-1}^2)\Big) - \frac{N-1}{2\sigma_z^2} = 0\end{aligned} \tag{10.110}$$

となり，これらの式を解くと Q 関数を最大にするパラメータ $\phi_y^{(t+1)}, \phi_z^{(t+1)}$, $\sigma_y^{(t+1)}, \sigma_z^{(t+1)}$ は

$$\phi_y^{(t+1)} = \left(\sum_{n=0}^{N-1}\mathrm{y}_n\widetilde{m}_n\right)\Bigg/\left(\sum_{n=0}^{N-1}(\widetilde{s}_n^2 + \widetilde{m}_n^2)\right) \tag{10.111}$$

$$\phi_z^{(t+1)} = \left(\sum_{n=1}^{N-1}(J_{n-1}\widetilde{s}_n^2 + \widetilde{m}_{n-1}\widetilde{m}_n)\right)\Bigg/\left(\sum_{n=1}^{N-1}(\widetilde{s}_{n-1}^2 + \widetilde{m}_{n-1}^2)\right) \tag{10.112}$$

$$\sigma_y^{(t+1)2} = \frac{1}{N}\sum_{n=0}^{N-1}\left(\mathrm{y}_n^2 - 2\phi_y^{(t+1)}\mathrm{y}_n\widetilde{m}_n + \phi_y^{(t+1)2}(\widetilde{s}_n^2 + \widetilde{m}_n^2)\right) \tag{10.113}$$

$$\begin{aligned}\sigma_z^{(t+1)2} = \frac{1}{N-1}\sum_{n=1}^{N-1}\Big((\widetilde{s}_n^2 + \widetilde{m}_n^2) - 2\phi_z^{(t+1)}(J_{n-1}\widetilde{s}_n^2 + \widetilde{m}_{n-1}\widetilde{m}_n) \\ + \phi_z^{(t+1)2}(\widetilde{s}_{n-1}^2 + \widetilde{m}_{n-1}^2)\Big)\end{aligned} \tag{10.114}$$

のように表すことができる．ここで，m_n, s_n の値は事後分布 $p(\boldsymbol{z}|\boldsymbol{y} = \mathbf{y}; \phi_y^{(t)}, \phi_z^{(t)}, \sigma_y^{(t)}, \sigma_z^{(t)})$ によって計算される期待値であり，具体的にはカルマン平滑化の計算を行うことで得ることができる．したがって，線形動的システムでの最尤推定は，適当なパラメータ設定 $\phi_y = \phi_y^{(0)}, \phi_z = \phi_z^{(0)}, \sigma_y^{(0)}, \sigma_z^{(0)}$ から始めて，つぎの二つの計算を繰り返すことで達成される．

(i) 期待値計算：現在のパラメータ設定でカルマン平滑化の計算を行う．

(ii) 最大化計算：式 (10.111)～(10.114) を用いて各パラメータを更新する．

この計算は各パラメータの値が変化しなくなるまで繰り返される．

線形動的システムでの最尤推定

線形動的システムでは，EM アルゴリズムを利用することで実現値 $\boldsymbol{y} = \mathbf{y}$ からパラメータ $\phi_y, \phi_z, \sigma_y, \sigma_z$ の値を推定することができる．EM アルゴリズムでの各計算ステップでは，カルマン平滑化の方法でパラメータ $\widetilde{m}_n, \widetilde{s}_n, J_n$ の値を計算しておく必要がある．

引用・参考文献

1) 荻原将文：ディジタル信号処理，森北出版（2001）
2) 渡部英二：ディジタル信号処理システムの基礎，森北出版（2008）
3) 原島　博：信号処理教科書，コロナ社（2018）
4) 原島　博：信号解析教科書，コロナ社（2018）
5) 東京大学教養学部統計学教室：統計学入門，東京大学出版会（1991）
6) 倉田博史，星野崇宏：入門統計解析，新世社（2009）
7) 谷萩隆嗣：ARMA システムとディジタル信号処理，コロナ社（2008）
8) 沖本竜義：計量時系列分析，朝倉書店（2010）
9) 宮川雅巳：グラフィカルモデリング，朝倉書店（1997）
10) 渡辺有祐：グラフィカルモデル，講談社（2016）
11) C. M. ビショップ：パターン認識と機械学習　上・下，丸善出版（2012）
12) 足立修一，丸田一郎：カルマンフィルタの基礎，東京電機大学出版局（2012）
13) D. G. Manolakis, V. K. Ingle, and S. M. Kogon: Statistical and Adaptive Signal Processing, Artech House (2005)
14) R. Prado and M. West: Time Series, Chapman and Hall (2010)
15) J. V. Candy: Bayesian Signal Processing, Wiley-IEEE Press (2016)

索　　　引

—— 著 者 略 歴 ——

2009年　東北大学工学部電気情報・物理工学科（情報工学コース）卒業
2011年　東北大学大学院情報科学研究科博士課程前期 2 年の課程修了（応用情報科学専攻）
2014年　東北大学大学院情報科学研究科博士課程後期 3 年の課程修了（応用情報科学専攻）
　　　　博士（情報科学）
2014年　日本学術振興会特別研究員 PD
2014年　東北大学大学院助教
2018年　小樽商科大学准教授
　　　　現在に至る

確率モデルを用いた統計的信号処理

Statistical Signal Processing Using Probability Models

2023 年 9 月 20 日　初版第 1 刷発行　★

検印省略

著　者　片　岡　駿（かた おか しゅん）
発 行 者　株式会社　コ ロ ナ 社
　　　　　代 表 者　牛 来 真 也
印 刷 所　三 美 印 刷 株 式 会 社
製 本 所　有限会社　愛千製本所

112–0011　東京都文京区千石 4–46–10
発 行 所　株式会社　**コ　ロ　ナ　社**
CORONA PUBLISHING CO., LTD.
Tokyo Japan
振替 00140–8–14844・電話(03)3941–3131(代)
ホームページ　https://www.coronasha.co.jp

ISBN 978–4–339–00988–0　C3055　Printed in Japan　（大井）